指南针

负责指北

为什么你总是
半途而废

いつも中途半端な自分から抜け出すコツ

[日] 鹤田丰和 著

曹倩 译

天地出版社 | TIANDI PRESS

图书在版编目（CIP）数据

为什么你总是半途而废 /（日）鹤田丰和著；曹倩译. — 成都：天地出版社，2021.6
ISBN 978-7-5455-5810-4

Ⅰ. ①为⋯ Ⅱ. ①鹤⋯ ②曹⋯ Ⅲ. ①成功心理—通俗读物 Ⅳ. ① B848.4-49

中国版本图书馆 CIP 数据核字（2020）第 115639 号

ITSUMO CHUTOHANPA NA JIBUN KARA NUKEDASU KOTSU
BY Toyokazu Tsuruta
Copyright © Toyokazu Tsuruta, 2018
Original Japanese edition published by Sunmark Publishing, Inc., Tokyo
All rights reserved.
Chinese (in Simplified character only) translation copyright © 2021 by Beijing Huaxia Winshare Books Co., Ltd., a division of Tiandi Press
Chinese (in Simplified character only) translation rights arranged with Sunmark Publishing, Inc., Tokyo through Bardon-Chinese Media Agency, Taipei.

著作权登记号　图字：21-2019-587

WEISHENME NI ZONGSHI BANTUERFEI

为什么你总是半途而废

出 品 人	杨　政
作　　者	［日］鹤田丰和
译　　者	曹　倩
责任编辑	王　絮　霍春霞
封面设计	古涧千溪
内文排版	冉冉工作室
责任印制	王学锋

出版发行	天地出版社
	（成都市槐树街 2 号　邮政编码：610014）
	（北京市方庄芳群园 3 区 3 号　邮政编码：100078）
网　　址	http://www.tiandiph.com
电子邮箱	tianditg@163.com
经　　销	新华文轩出版传媒股份有限公司

印　　刷	北京文昌阁彩色印刷有限责任公司
版　　次	2021 年 6 月第 1 版
印　　次	2021 年 6 月第 1 次印刷
开　　本	880mm×1230mm　1/32
印　　张	6
字　　数	133 千字
定　　价	45.00 元
书　　号	ISBN 978-7-5455-5810-4

版权所有◆违者必究

咨询电话：(028) 87734639（总编室）
购书热线：(010) 67693207（营销中心）

如有印装错误，请与本社联系调换。

致做什么事情都行动不起来,坚持不了多久的你。

序言 为何你总是半途而废

是不是该与半途而废的自己说再见了

你有没有讨厌过总是半途而废的自己？学到一半就没再碰过教材，还没学出名堂就放弃了的兴趣班，总想着看却没有看而堆积在那里的书，自己并没有竭尽全力就结束了的工作……

虽然自己什么都可以"凑合"着做，但是所有事情都做得很"凑合"，没有表现突出的地方；虽然对很多事情都感兴趣，但是找不到最想做的事情。从来没有忘我地努力做过某件事情，从来没有取得过什么特别的成绩，从来没有发自内心地认真对待过什么事情，无论做什么都坚持不了多久……

此外，对下述这样的人，你不可能从来没有羡慕过吧。

· 取得过具体成绩的人；
· 能够长年坚持做某件事的人（并且能够取得成果）；
· 不会半途而废的人。

相信大家看出来了，上述这些说的正是坚持到底的人。他们似乎每天都非常充实，并且能够过上自己理想中的生活。认为自己总是半途而废的人看到他们会觉得非常耀眼吧。拿那些坚持到底的人跟自己一比，或许还会感到消极和失落。

但是没有关系。只要掌握了技巧，无论是谁都可以告别半途而废的自己。从此，你在别人眼中就是非常耀眼的了。本书将为大家介绍告别半途而废的自己的技巧。

能够取得成功的人总是付诸行动

坚持到底的人与总是半途而废的人的区别在于：坚持到底的人总是会采取大量的行动。

如果想要改变什么，就必须采取行动，这自然不必多说。坚持到底的人行动量可以说大到不可思议。说实话，付诸行动这件事是挺累的。这是因为一个人能够采取行动的量其实是有限的。如果仅依靠自己的力量去行动，我可以直截了当地说，这是不可能的。

为什么坚持到底的人能够采取大量的行动呢？这是因为，他们是借助外力的达人。他们正是因为能够全方位借助外力，所以才能够采取大量的行动。这里所说的"外力"指的是除自己外的所有力量。

人们常说要借助他人的力量，但本书所指的"外力"可不仅仅指他人的力量。本书所说的外力除了他人的力量，还包括环境、机制、信息等外界的力量。

举个简单的例子。比如，你想将好喝又有营养的饮料卖给许多人，仅靠自己一个人销售当然也是一种办法，但是也可以采用自动售货机这种方式。只要你建立起这种销售模式，自动售货机就可以24小时不停歇地代替你售货。甚至我们还可以广泛地收集有用的信息，借助更有利于销售饮料的环境，更好地进行销售。如果仅靠自己一瓶一瓶地卖，什么都亲力亲为，恐怕无法持续多久，容易半途而废。

坚持到底的人，会尽可能地借助环境、机制、信息、他人的力量等外力。事实上，本书所讲的"外力"还包括自己的思想、情感与身体。

看到这里,大家可能不太明白是什么意思,会认为:"什么?自己的思想、情感与身体不是自己的吗?这也能叫外力?"确实,自己的思想、情感与身体属于自己的一部分,但我认为这与自己本身还是有一点儿区别的。

请大家看到这里不要觉得"这个人在说什么莫名其妙的话啊"而把这本书丢掉。在后文中我会为大家详细解释为什么我认为外力包括自己的思想、情感与身体。现在大家只需要认识到"自己的思想、情感与身体不属于自己"这种理念对采取大量行动至关重要就可以了。能够将自己的思想、情感与身体当作外力充分利用起来,才能采取大量行动。

每天都为自己的半途而废而叹气

不好意思,说到现在我还没为大家做自我介绍。我是行为心理学顾问鹤田丰和。简单来说,我的工作就是帮助他人更轻松地采取行动并取得成果。人们只要能够轻松地行动起来,并且能取得成果,就不会半途而废了。本书将为大家详细地介绍能够轻松地行动起来并取得成果的方法,从而摆脱半途而废的恶习。

下面我先为大家简单介绍一下我的履历。大学毕业后,我先后在几家中小型企业工作过,随后进入了微软公司。说起微软公司,大家可能会更多地想到工程师,但我在微软公司负责招聘工作。微软拥有许多优秀的员工,而我需要做的就是从社会上挖掘公司需要的优秀人才,在面试中判断他们能否为公司做出贡献,并聘请他们为公司员工。我在微软公司曾取得过公司内部排名第三的业绩,因此被授予了"亚洲黄金俱乐部奖"(Asia Gold Club Award)。

虽然在微软公司的工作很有意义,但我从很久以前就开始有创业的梦想。为了实现这个梦想,我最终选择从微软公司辞职。随后,我创建了一家与 IT 相关的公司。

之后我看了美国作家珍妮特·布雷·艾特伍德(Janet Bray Attwood)写的一本书——《热情测试》(暂译名,原名 The Passion Test)。以此为契机,我开始从事行为心理心顾问这份工作,并一直持续到现在。

这样看来,我的人生似乎是一帆风顺的,但其实并非如此。我曾经进入一家自己不是很满意的公司,在那里度过了一段郁闷的时期。我也曾烦恼自己到底想做什么,也曾为了考取自己并不感兴趣的资格证而花费了大价钱,结果中途放弃。

当时我想,工作之余总要找些兴趣来充实每天的生活。于是我开始尝试玩乐器、玩摄影和慢跑等,但所有的尝试都没有持续很久。

是的，我曾经也有对半途而废的自己叹息不已的时候。我曾经也迫切希望自己能够摆脱做事情总是半途而废的状态，希望能够改变自己的人生。

人生的转折点——比努力和辛苦更重要的事情

回顾我的经历，我的人生曾出现过几个转折点，而在这几个转折点上，我从未半途而废。并且，在这些关键时刻，我均获得了外力的帮助。

比如，我在进入微软公司工作前，曾在一家中小型的人才中介公司做职业咨询顾问。某一天，在一个机缘巧合下，那家公司的领导突然问我："鹤田，你想不想去微软公司工作？"我当时立刻回答："好的，我要去！"于是，我就这样得到了这个工作机会，顺利进入微软公司。

当时我并没有为了进入微软公司而做什么特别的努力，只不过是兢兢业业地完成每天的工作而已，然后很凑巧地抓住了从天而降的机会。

现在，作为讲师开展讲座活动，成为我的工作重心，而这份工作也是以美国作家珍妮特的《热情测试》这本书为契机开始的。起初我做的事情就是将这本书的内容介绍到日本。后来珍妮特这本书的内容启发了我，才使我如今能够从事开办大众讲座的工作。

幸运的成功者都是善于借助外力的达人

我受惠于借助外力的事情还有许多。我强烈地感受到：在我取得的每一次成功中，比起努力和辛苦，更多的是借助了外力。有时我突然被别人推了一把，有时被拽着往前走，当我反应过来时，我已站在了新的高度上。

此外，我曾经一直希望能够改变自己的人生，于是读了大量关于成功者们的书。我与珍妮特的相遇，促成了我与许多世界级的畅销书作家、创业者及成功人士的相遇。通过结识这些人，我发现这样一件事情：坚持到底的人，为了能够采取大量的行动，会充分借助外力。幸运的成功者都是善于借助外力的达人。

当我意识到这一点时，我发现一直以来自己都在充分借助外力做事情。这使我与半途而废就此告别，过上了梦想中的生活。

该如何开始，如何坚持

接下来我为大家整理一下刚才讲过的内容。首先，为了告别半途而废的自己，必须采取大量的行动。其次，为了采取大量的行动，借助外力是必不可少的。本书所说的"外力"，是指他人的力量、信息、机制、环境，自己的思想、情感与身体。也就是说，关键词是"大量行动"与"外力"。

然而，在采取行动时，人们往往会遇到下面两个问题：

① **该如何开始？**
② **该如何坚持？**

当我们打算采取某个行动时，首先会成为障碍的便是开始行动的那个瞬间。很多人虽然想开始行动，或者觉得必须采取行动，但总是行动不起来。也就是说，很多人都无法迈出第一步。这样一来，行动在起点就受阻了。

此外，我们即便开始采取行动，接下来还会面临如何坚持下去这个难关。很多时候，我们如果把一件事情坚持下去，就会取得成果。但"坚持"并非易事。经常半途而废的人，在这个问题上总是想着靠自己克服困难，自己开始行动并努力坚持下去。很多人通过自己的经验明白，这样做往往会导致半途而废。

因为什么都靠自己是无法顺利坚持下去的，所以我们才要借助自己以外的力量。依靠外力，我们才能轻松地开始行动，并将这个行动坚持下去。

那么，关于如何借助外力开始行动并坚持下去，我将在后文为大家详细介绍。

好了！接下来我们终于准备告别半途而废的自己了。

在此，我希望大家能够耐心读完本书。如果这本书能够帮助你告别半途而废的自己，就是我莫大的荣幸。

目录 Contents

Chapter 01

第一章
坚持到底的人与半途而废的人有什么区别

坚持到底的人,是善于借助外力的人 / 003
做出承诺,借助外力迈出第一步 / 006
与其独自烦恼,不如找人商量 / 011
一味依赖干劲,很难坚持下去 / 014
利用个人优势,建立利于坚持的工作机制 / 018
充分利用一流的"导师" / 022
警惕无意义的信息 / 025
书也能成为强大的外力 / 028

Chapter 02

第二章
将思想、情感和身体转化为行动

我们无法掌控自己的思想、情感、身体 / 035
放弃"坚持掌控自我" / 039

思想的噪声：阻碍行动的元凶 / 041
让思想、情感、身体成为强有力的伙伴 / 044
建立取舍意识 / 047
将思想、情感、身体提供的信息与行动相关联 / 051
珍惜"自己的所有物" / 054
与身体友好相处 / 058
警惕思想的"添油加醋" / 061
不否定、不无视自己的想法 / 064
如果不能改变现实，试着中立思考 / 067
依靠中立思想解决问题 / 070
让你痛苦的，就是你自己 / 073
"做也行，不做也行"：激发行动的咒语 / 076
直观呈现脑中的想法 / 078

Chapter 03

第三章
发现自己的才能，勇于突破自我

才能是在实践过程中发现的 / 083
一有想法就立即行动 / 087
注意辨别内心之声的真伪 / 090
真正的内心之声何时到来 / 094

每一次微小行动都是一个点，最终会连成线 / 097

充满热情的事，就坚持做下去 / 101

"Essence Zero"冥想法 / 104

努力做好眼前的事 / 107

让别人发现自己的才能 / 111

沉睡在消极情绪中的宝藏 / 115

沉睡在积极情绪中的宝藏 / 119

尽可能多去尝试 / 121

你的才能就藏在让你恐惧不安的事情中 / 124

Chapter 04

第四章
开始行动并坚持到底的诀窍

让过程充满趣味 / 129

先从整件事的 1% 着手 / 132

以"完成 + 感谢"的形式明确意图 / 135

轻松无法成为坚持到底的动力 / 138

一天中能够使用的意志力是有限的 / 140

和"做不到的自己"和谐相处 / 143

将想法告诉别人，会有惊人的效果 / 146

变"控制"为"参与并享受"当下 / 149

干劲不足时,用"一体化"建立良性循环 / 152
致认为"一个人做更快"的你 / 155
如果被拒绝,不妨换个人求助 / 158
站在"我们"的立场求助他人 / 160

跋　发现"半途而废的自己",人生会变得丰富多彩 / 165

Chapter 01

第一章

坚持到底的人与
半途而废的人有什么区别

坚持到底的人，是善于借助外力的人

假如现在你的房间堆满了杂物和垃圾，你开始想："希望能好好收拾一下。""必须让家里整洁起来。"这时，你会从什么事情开始做起呢？

容易半途而废的人这时往往都会开始思考"我要从哪里开始收拾"，或者在日历上标记出开始收拾的时间。其中还有一部分人会先去购买清洁用具。

而很少半途而废的人这时会先跟朋友联系，邀请朋友来自己家玩。并且，邀请的朋友还是那种特别爱干净的人。他们因为不想让对方看到自己邋遢的样子，想在对方面前留下好印象，所以在那样的朋友来之前自己无论如何都会收拾好房间。这样一来，他们自然而然就有了收拾房间的动力。

正如上面这个例子，容易半途而废的人总是想独自完成事情，而坚持到底的人却善于借助外力。

某一天，我一个朋友这样说："有一次，妈妈圈的一个朋友邀请我去她家吃晚饭，于是我就带着孩子高高兴兴地去了。我到她家一看，她没有为晚餐做任何准备，我真是吃了一惊。"

于是我这个朋友小心翼翼地询问道："晚餐还没开始准备吗？"据说当时对方微笑着回答道："你说什么呢，当然是从现在开始咱们一起做饭啊。"

这个人便是一个善于借助外力的人。邀请脾气相投的好朋友到家里一起吃饭聊天自然是很开心的一件事情，但是一想到收拾房间、采购食材、准备晚饭就头大。这也是为什么邀请别人到家里玩这种口头约定总是很容易失约。人们做事情会半途而废的主要原因就是什么事情都想独自完成。而像上述例子中的那个人那样,不会想着什么事情都独自完成,而是邀请朋友一起准备晚餐,约定好的事情很容易就实现了。

顺便一提,我的那位朋友表示:"那天我们一起做饭时聊了很多,真的特别开心。"

正如上述例子,不要试图独自做所有的事情,要经常试着思考能否借助外力——这才是告别半途而废的第一步。最能代表外力的便是"他人"。你打算做什么事情或者无法顺利展开行动时,请试着思考一下能否借助他人的力量。实际尝试后你会发现,外力比自己想象的还要有用。

> **告别半途而废的诀窍**
>
> 不要试图独自做所有的事情,要试着思考能否借助外力。

做出承诺,借助外力迈出第一步

提到借助外力,可能很多人想到的都是直接让别人帮忙。但其实还有间接借助他人力量为己所用的方法。

比起直接寻求别人的帮助,间接借助他人力量的做法不会给对方造成负担,自己也不需要过分客气。而这个方法便是做出承诺。

我们做任何事情,一旦向别人做出承诺,就会更顺利地展开行动。不自觉地就拖延了的事情,总是无法迈出第一步的事情等,都可以通过向别人做出承诺而变得能够做到。

比如，你虽然知道必须去体检，却一拖再拖，这时就要先打一个预约电话。你只要与体验机构约定好"某月某日去体检"，不论工作多忙，为了履行约定，都会挤出时间。此外，你也可以跟朋友约好一起去体检。

做事情总是拖延的人，大多都将需重点下功夫的地方搞错了。比如，工作繁忙的人为了能够去体检，试图调整自己的工作安排，在调整工作上费了很大力气。这类人往往想着等工作调整好了或者工作告一段落之后再去体检，而最终的结果就是他们永远也找不到时间去。

我自己曾多次因向他人做出承诺而受助受益。印象最深刻的一件事是我第一次成功举办讲座。

讲师行业的入门有许多方法，而我是从自主举办讲座开始的。在举办讲座时，最先需要做的事情就是确定举办时间和预约场地。因为这是我第一次举办讲座，我预想听讲座的人不多，所以将场地预约在了一个能容纳10人左右的小型会议室。

当时间和场地都定下来后，接下来我要做的就是发出讲座通知。但这件事总是落实不下去。当我打算通知大家我准备举办讲座时,我产生了各种各样的不安:我真的可以完成这件事吗?是不是再准备准备更好?如果举办讲座当日没有人来参加怎么办?

我想过很多次"今天必须把通知发出去",但直到讲座预定的日子当天都没能发出通知,最终不得不取消原本已预定好的讲座场地。讲座取消后,我原本紧张的情绪放松了下来,我当时觉得至少这样就不会丢脸了。其实这是我潜意识里的一种逃避。

后来我鼓起勇气再一次预约了讲座的场地,但第二次依然因为没能发出通知而取消了预约。

第三次,我下定决心再也不轻易放弃了。于是,我干脆调整了做事的顺序。在预约场地之前,我先在脸书上发出了讲座的通知,并将场地写为一个暂定的地点。

当时我考虑的是:如果有人来听我的讲座,即使这个地点没有定下来也没关系,我就在附近其他地方找。

后来，有 5 个人表明要来参加我的讲座。这样一来，我就只有继续做下去这一个选项了。因为我已经跟 5 个人承诺过了要举办讲座，所以即便我有这样那样的不安，也只能坚持下去了。

第三次，我终于成功举办了讲座。实际举办讲座以后，我发现其实整个过程非常愉快。所以，很多事情，你如果不实际去做，就永远不知道结果会怎样。

现在我能够在数百人面前做演讲，而让我迈出最初那一步的，正是当初我向那 5 名听众做出的承诺。

正如我的经历，当你对某件事情犹豫不决的时候，你如果向他人做出承诺，就会促使自己行动起来。这也是我所说的"借助外力"的一种。

最近，我有了越来越多的机会去帮助那些听我讲座的人，使他们成为讲座讲师。我总是建议想成为讲座讲师的人"做第一次讲座时，你不要想着独自完成，最好和别人搭档去做"。

寻找搭档时，你要找一个适合的讲师，然后与他约定好"什么时候，在哪里举办讲座"。其他人参与进来后，你不论感到多么不安，都只能继续下去。在约定的日期到来前，你必须为讲座做好准备。

第一次登上讲台，想必任何人都会很紧张，这时如果有个搭档在身边，也能为自己壮壮胆。此外，讲座可能会吸引来很多听讲者，这时两个人搭档要比自己一个人做成功概率高得多。

> **告别半途而废的诀窍**
>
> 对于和别人一起做的事情，我们要与对方约定好时间、地点等。

与其独自烦恼，不如找人商量

有自己一个人烦恼的工夫，我肯定早就去找别人商量了。大家有没有遇到这些情况呢？在考虑企划方案的时候，总是想不出好的创意，而郁闷不已；或者必须向上司提交报告书的时候，坐在办公桌前为了该怎么写而苦恼不已。这种时候能够依靠的也是外力。

"事情必须自己完成，不能依赖别人。"这种观念已经在我们的头脑中根深蒂固了。这或许是受了学校教育的影响吧。在学校的考试中，作弊是被禁止的；平时上课不懂的问题，大家也不习惯互相请教。事实上，我们向对方直白地请教："不好意思，这里我不明白，能不能教我一下？"以此来增长自己的知识,才是对我们更有益的。你虽然数学成绩不好,需要请教别人,但擅长英语。如果你在英语考试前能够帮助别人,那么你拥有的能力不仅仅为自己所用,还能为他人所用。

善于借助外力的达人早就放弃了"什么事都自己一个人做"的观念,每当有烦恼时就会毫不犹豫地找别人商量。比如,我在为举办讲座做准备的时候,需要考虑讲什么主题、如何分配时间等,偶尔会感觉内容并不理想。这时我会毫不犹豫地找帮忙策划讲座的主办方或者能够帮助我的工作人员商量。这样一来,我就会得到自己没想到的好创意。能够很好地掌握听讲者需求的主办方会为我提议"听讲者们反映了这样那样的问题,希望可以在接下来的讲座中针对这些问题进行反馈";能够客观地看待我的讲座的工作人员也会向我提议"上次讲座什么地方不太好,下次应该如何改善"等。这样做的结果就是,讲座的内容比我自己一个人想出来的要好很多。

归根结底,讲座并非由我单方面进行讲授,而是要回馈听讲者想知道的事情或者帮助他们解决烦恼。讲座绝对不能以我为中心讲授内容,借助他人的力量可以产生更好的效果。

此外，善于借助外力的达人在做出判断和决定前，会尽可能地从别人那里收集信息。但要注意的是，寻求帮助的对象和获得信息的对象都必须慎重选择。一般尽可能选择相关的专家或者对该类事情有丰富经验的人。有时我会特意与毫无相关知识的人商量。比如，在策划新书时，为了获得崭新的想法，我会征求平时几乎不看书的人的意见。

我会区分好不同事情的商量对象，比如这个领域的事情我就找 A 商量，那个领域的事情我就找 B 商量。不论我与某个人的关系多好，我都不会胡乱找他商量其擅长领域之外的事情。什么事情都找同一个人商量，也很容易给对方造成负担。依靠他人的力量与不管是否给他人添麻烦都依赖对方是不一样的。依靠他人力量的同时必须有感谢他人帮助的谦逊之心。

告别半途而废的诀窍

遇到事情，不要自己一个人扛，要立刻找别人商量。

一味依赖干劲,很难坚持下去

在学习语言等知识或技能时,外力的帮助同样也是巨大的。多亏了外力,我才熟练掌握了英语。顺便一提,我完全没有在海外生活的经历,英语都是在日本学习的。我之所以能够掌握英语,是因为遇到了英语培训专家千田润一老师,他告诉我:"英语并不是学出来的,通过简单的训练,任何人都能够掌握英语。"

千田润一老师以学习时间的长短对英语能力有何种提高的诸多实例为基础,创制了一种学习英语的方法。通过这种方法,我将自己最初只有380分的托业英语成绩,在5年内提高到945分。我的英语能力呈阶段性提高,每经过200～300小时的训练，托业英语成绩就会提高 80 分。之后虽然我的托业英语成绩暂时进入了一段停滞期，但我依然没有放弃训练。随后又通过 200～300 小时的学习，我的托业英语成绩再次提高了 80 分。

在整个训练中，我并没有使用特殊的教材。我购买的就是市面上 1500 日元左右、带 CD（激光唱盘）的托业英语教材，每本教材我都会花 3 个月到半年的时间学完，并一直重复这样的学习。也就是说，在英语学习中最重要的就是"坚持下去"。英语学习是一个持久战，只要肯下功夫，任何人都能够掌握英语这门语言。（反过来讲，英语并不是在短期内就能掌握的技能。）

很多在英语学习上受挫的人，都试图依赖自己的干劲打这个持久战。如果是短时间内的决战，或许还可以依靠干劲。但持久战就不行了，一味依赖干劲，必定会失败。那么，应对持久战我们需要怎么做呢？这与之前的做法基本相同，也就是"不要试图自己一个人完成"。

我之所以能够坚持学习英语，是因为我有一起学习的伙伴。大学时，我曾加入英语社团。社团中有很多海外归国或者有留学经历的学生，在社团中能够流利地说英语是理所应当的；并且社团中还有很多热衷于用英语辩论或演讲的小伙伴。而托业英语成绩连400分都不到的我，当时甚至连自我介绍都说不好，所以非常羞愧。但是，这个环境能激励我努力学习英语。再次考托业英语的时候，我已经能够和伙伴们开心地比成绩了。

对于学习英语来说，拥有能够让自己坚持学下去的环境是非常必要的。你如果想掌握英语，那么在买教材、背英语单词前，最好先创造一个能让自己坚持学习下去的环境。这个做法不仅仅局限于英语的学习，几乎适用于所有知识或技能的学习。

你如果要报英语学习班，就要考虑费用、地点等条件是否可以让自己长期坚持学习。此外，是否有自己喜欢或崇拜的老师、一起学习的人是否投缘、是否有吸引自己的魅力，等等，都是左右英语学习能否坚持下去的重要因素。顺便一提，我大学时加入的英语社团中就有我当时交往的女朋友（现在已经是我的妻子了）。在英语学习倦怠期，我会因为想见女朋友而去参加社团活动，这使我能够一直坚持下去。"喜欢"这种感觉，会成为做很多事情的巨大动力，甚至还会成为持久力的源头，我们要巧妙地加以利用。

自学或通过函授学习亦是如此，你不要试图一个人去做，首先要找到学习的伙伴，然后再跟那个学习伙伴约好每个星期在某个时间一起学习。虽然直接见面一起学习的效果最好，但如果不能见面，就可以通过聊天软件进行沟通。比如"现在要开始了哦""我今天学到这个地方了""这里很难啊""接下来我们争取学到这里吧"等都要实时地相互交流。这样做比自己一个人做更能长期地坚持下去。

我们不要做每件事都靠自己。我们应该挥手告别之前的想法，寻求外力的帮助，这样才能轻轻松松、愉快地早日达成目标。

> **告别半途而废的诀窍**
>
> 为了掌握某种技能，首先要创造能够让自己坚持下去的环境。

利用个人优势,建立利于坚持的工作机制

你是不是在做所有工作时都像棒球中"投直球"那样竭尽全力去完成呢?通过重新审视自己的优势,或许也可以改投"变化球",或者借一台高性能的投球机,抑或让别人给自己介绍一个优秀的投手。请试着通过这些视角审视一下自己的工作。

在序言中我说过,我在曾经就职的微软公司从事人力资源工作,曾以公司内部排名第三的优秀业绩而获得过表彰。那时我能够提高自己的业绩,正是因为灵活运用了自己的优势,充分借助了外力。

我需要为公司找到优秀的人才并录用他们,而这些优秀的

人才需要具备高水平的 IT 技术，掌握母语程度的日英双语，并具有极大的人格魅力。具备这样素质的人才极少，而他们往往都已经在其他公司大显身手，领着很高的工资。在对所属公司很满意的情况下，他们是不会主动来微软公司接受面试的，所以需要我把他们挖过来。

当然，我们看上的人才其他公司也很希望挖到，所以与其他公司的人才争夺战很激烈。这样残酷的竞争，仅凭一己之力是绝对不可能胜出的。但是，我很想赢。如果可以的话，我还希望自己能轻轻松松地赢。

我想到了一个方法，那就是借用外国猎头公司的优势。话虽如此，但在人力资源，依靠猎头找人才的方法并非什么稀罕事。所以，单是依靠外国猎头公司，也不能期待有什么结果。于是，我便想到了一个"武器"。

轻轻松松取胜的诀窍就是，在自己擅长或喜欢的领域大显身手。从那时开始，我就很喜欢用英语和外国人交流，即便现在亦是如此。用英语交流时，我感觉自己变得和平时不太一样，这令我感到很开心。或许跟英语的语言特点有关，有时我用日语无法很好地表达自己的主张，用英语却能很顺畅地说出来。用英语交流让我有一种自由且放得开的感觉。我以英语交流为"武器"，直接向那些有权威的外国猎头精英展开了"猛攻"。

那时，我频繁地出入猎头公司，并且尽可能详细地告诉猎头"自己所在的公司现在具体需要什么样的人才""为何需要这样的人才""这份工作的魅力所在"等，这些信息有助于猎头更好地说服符合条件的人才。我会站在猎头的立场，热情地提供能够让他们的工作更容易开展的信息。

用英语交流对我来说是件很开心的事情，所以这份工作完全不会让我感到辛苦。我反而觉得太有趣了，希望能一直做下去。

渐渐地，外国猎头中出现了与我有共鸣的人，他们对我产生了"这个人总是充满活力，跟他一起工作很愉快"的印象。这时，我已经有胜算了。在日本公司的人力资源主管中似乎很少有像我这样热衷于跟外国猎头沟通的人，所以我的做法很受外国猎头的欢迎。

最终，这些外国猎头不断为我介绍微软公司需求的人才，而这些成为我的业绩。我所做的工作其实是建立一个能够不断发现优秀人才的机制。这个机制建立后,优秀的人才就会自动聚集起来。光靠我一个人的力量,我可能一辈子都接触不到那些优秀的人才,那时他们却不断地进入我们公司。

> **告别半途而废的诀窍**
>
> 在开始做某项工作前,我们要考虑能否利用自己的优势,建立一个让自己尽可能轻松完成工作的机制。

充分利用一流的"导师"

如前文所述,你有了自己想做的事情时,比如想学英语、想减肥等,首先"创造一个能让自己坚持下去的环境"是非常重要的。但有时会出现这个环境没有那么容易创造出来,或者找不到一起做事的伙伴的情况。这时能够派得上用场的外力便是信息了。信息也是一种非常重要的外力,但很容易被忽略。

人们常说:"如果想要成功,最好找一个导师。"我做事时会向多个导师寻求帮助,所以非常理解导师的重要性。但是人们并不一定在需要时就立刻能够见到导师,获得被指导的机会。在这种情况下,只要利用这位导师的信息资源就可以了。

比如，只要读了《论语》，孔子就会成为你的导师；只要读了《高效能人士的七个习惯》，史蒂芬·柯维就会成为你的导师。书，是导师（或其弟子们）将自己平生所学的精华以最合适的形式总结起来的载体，所以，它能成为我们非常珍贵的外力。

所以，你如果无法创造良好的环境，就要与信息为伍，要尽可能输入更多的信息。你如果想减肥，就要阅读与减肥有关的书籍。一个星期读一本，或者两三个星期读一本，总之不要中断信息的接收。在接收信息时，你要将信息这个"外力"视作自己的伙伴。在这期间，即便体重没有明显变化，持续接收信息的人也比不这样做的人离成功更近一些。如果你中断了信息的输入，就意味着接下来要自己一个人努力了，最终又回到靠自己的干劲做事的状态。没有比干劲更靠不住的了，你一味依赖干劲，必定会失败。

可能有些人并不知道如何找到适合自己的信息。在这种情况下，我推荐大家尽早加入与自己志同道合的圈子（网上的社交圈也可以），或者出席有关的学习交流会。通过这种方式，你可以获得凭一己之力无法找到的信息，或是自己错过的有用信息。而这些意外获得的信息往往会成为能帮到你的外力。

告别半途而废的诀窍

信息是你与导师沟通的重要桥梁,是你取得成功的重要外力。信息的输入绝对不能中断。

警惕无意义的信息

为了工作打开了电脑。在开始工作前，打算稍微看一下今天的新闻而点击进了网站。在浏览自己感兴趣的内容时，又发现了其他想看的内容，于是继续点击阅读。顺便还想看看网友的评论，于是，在不知不觉间 30 分钟过去了……大家有没有这样的情况呢？

确实是这样的，我们很容易就会将注意力放在眼前的信息上。这些信息很少会成为帮助我们的外力，只会浪费我们的时间。因此，如何看待各种各样的信息是非常重要的一件事。

容易半途而废的人往往会被映入眼帘的信息吸引，而无法专心做自己真正想做的事情，时间就这样浪费掉了。不仅如此，他们甚至还会因此忘记自己到底想干什么。而坚持到底的人，也就是能够达成自己目标的人，总是留心有用的信息。在他们一天接收的信息中，与自己的目标相关的信息占比往往比较高。这样一来，他们更容易采取有助于达成目标的行动。输入有用的信息，可以减少无用的行动，提高行动的效率。

为了避免接触没有意义的信息，有些人会规定自己不看电视或者不在智能手机上浏览与工作、学习无关的网站等。有用的信息会成为你得力的助手。请各位读者务必不要中断对自己想达成的目标有用的信息的输入。

最近，我开始有意识地优先阅读可以直接进行有用信息输出的书籍。这些书并不是读完后仅仅觉得有意思，而是能够转化到具体的行动上。对于想要增加行动量的读者朋友，我推荐这个读书方法。

告别半途而废的诀窍

不要被眼前的其他信息吸引了,而无法专注于正在做的事。要输入与自己的目标有关的信息。

书也能成为强大的外力

与一本书相遇,有时能够大幅改变人生。这说明,书这种信息的载体能够作为外力为人生提供帮助。我也有这样一本重要的书。这本书便是珍妮特的《热情测试》。

我与这本书相遇时,已经从微软公司辞职,刚成立一家与 IT 有关的公司。公司的业务并非由我一个人完成,而是由我与认识的该领域的专家联手处理。而相关业务的开展也基本借助了外力。我将公司控制在很小的规模,严谨地设计了运营机制,并尽可能地减少实际工作时间。随后,我每天的工作时间仅需要几小时,而年收入却超过了就职微软公司时期的年收入。

当时我终于过上了自己很久以前就开始向往的生活,在拥有自由时间的同时,也不需要担心收入。那时,在天气晴朗的日子,我会去附近的海边散步、读书;想看的电影也可以选在电影院人不多的工作日看;刮大风、下大雨的时候也不用勉强自己上班,可以在家悠闲地度过。我可以自由支配我所有的时间。起初,我对这样的生活感到无比满足,因为我觉得自己正是别人所说的财务自由人……但是,不久我对这样的生活就失去了新鲜感,渐渐地我开始在家中无所事事,心情也逐渐低落起来。

是的,那时我完全没有考虑以后的事情,没有设想过自己想用这些自由的时间和金钱去做什么,该怎样过今后的生活。突然有一天,我意识到自己欠缺的是做事情的热情。没有什么事情能够让我满怀热情地去做,所以也就无法充满活力地面对生活。

现在想来自己也觉得很好笑,那时我为了找到做事的热情,还在网站上搜索了"(做事)热情"这个关键词。或许我当时迫切地想要解决这个问题,但并没有找到答案。我开始思考:如果用英语搜索会出现什么样的信息?于是,我输入了英语单词"passion（热情）"。然后，网站上就出现了珍妮特的《热情测试》这本书。那个瞬间，我在想："啊！或许这本书中有我需要的东西。"于是，我立刻在网上买了这本书，收到后就开始阅读。书中的内容比我预想的还要吸引人。

这本书用一句话概括就是，为读者介绍了热情测试这个能够帮助人们找到自己做事热情的工具。这本书的作者珍妮特为了推广热情测试，帮助人们寻找自己的热情，实现丰富多彩的人生而在世界各地举办了演讲。我开始尝试这个"热情测试"。通过"热情测试"我发现，在我感受到热情的事情中，就包括讲座讲师这份工作。

随后，我了解到作者珍妮特将在加拿大举办热情测试的推广者培训讲座，于是便飞去加拿大。我虽然具有成为热情测试讲师的热情，但当时完全没有什么能在大众面前讲授的东西。当时我认为，我如果能成为热情测试的推广者，就能成功地成为一名讲座讲师。当时在日本还没有人介绍过热情测试这个方法。我非常确信，我如果参加这个推广者培训讲座，那么将来一定可以满怀热情地生活。于是，我参加了那个培训讲座，见到了珍妮特。她是一个充满魅力、充满爱的人，讲座内容也非常精彩。随后，我取得了热情测试推广者的资格，并作为讲座讲师迈入了这一行。

可以说正是与《热情测试》这本书的相遇，改变了我。我对以最恰当的形式将知识、技能传授给我的作者珍妮特，至今感激不尽。

正如我的亲身体验，信息有时候能够成为重要且巨大的外力。所以，你在接触到有用信息时，请务必将其视作能够帮助你的外力。

告 别 半 途 而 废 的 诀 窍

把书籍当成你的朋友。

Chapter 02

第二章

将思想、情感和身体转化为行动

我们无法掌控自己的思想、情感、身体

在进入第二章之前,我想总结一下第一章的内容。第一章的内容大致可以归结为以下三点。

① 坚持到底的人,并不会什么事都试图自己一个人去完成,而是尽可能借助外力。

② 外力指的是他人的力量、环境、机制、信息等自己以外的力量。

③ 坚持到底的人会尽可能借助外力,从结果来看,他们能够采取大量的行动。

在第一章中,我为大家介绍了外力的重要性。而本书所说

的外力还包括自己的思想、情感、身体。在第二章中，我将为大家介绍通过"思想、情感、身体"提高行动量的方法。

可能很多人都会感到奇怪，为什么自己的思想、情感、身体也算外力？大家也许会产生这样的疑问："把自己的思想、情感和身体称作外力是怎么回事？这不就是自己的力量吗？""不论是思想、情感，还是身体，哪个不是自己的？"

我先为大家解开这个疑惑。确实，思想、情感、身体都是自己的一部分。但我认为这些与自己本身还是有区别的。我之所以这样说，是因为我们自己无法完全掌控自己的思想、情感、身体。

我们先来看看"思想"。就算你打算"今天什么也不想了"，也是做不到的。从你开始想"好了，接下来要努力不去胡思乱想了"的时候，其实就已经开始想了。无论自己再努力不去想，诸如"啊，肚子好饿""那个时候别人那么说我了啊""今天下午干什么呢""我真的要一直这样子吗"这类的想法都会不断袭来。

"情感"也是一样的。让你"接下来一个星期什么都不要感受",是不可能做到的。人在非常高兴的时候,即便知道不能得意忘形,还是难以抑制喜悦之情;而在悲伤的时候,即便别人跟你说"不能一直这么悲伤下去",还是会感到很悲伤。人不但不可能控制别人的情感,而且连自己的情感也无法完全掌控。

"身体"同样无法掌控。身体健康的人,想要抬起右手就能够抬起来,想要坐下就能够坐下,想要闭上眼睛就能够闭上眼睛。但是,你如果今天遇到很多女性,想释放出比平时多一些的男性荷尔蒙,就不容易了。

"明天要考试了,今天晚上熬通宵冲刺一把。"你虽然有这种想法,但后来越来越困,最终还是败给了困意。即便你喝了提神饮料,也只是暂时起些作用,而无法完全控制睡意。你就算发誓"今后我再也不睡了",也做不到。

所以我才说,人无法完全掌控自己的思想、情感、身体,我才认为自己的思想、情感、身体并非自己本身。

> **告别半途而废的诀窍**
>
> **要认识到自己的思想、情感、身体并非自己本身。**

放弃"坚持掌控自我"

"自己的思想、情感、身体并不是自己本身,自己也无法掌控"这个观念,对于采取大量行动是非常重要的。我们总是不自觉地试图掌控自己的思想、情感、身体,而这样做会导致最终失败。

比如在减肥的时候,很多人都会立誓:"下次我一定要坚持住,下次一定要减肥成功。""下次我一定不会再输给食欲。"在短期内,他们或许还能管住自己的嘴,控制住食欲。但是,长期坚持却是一件难事。肚子饿得咕噜噜叫时,身体就会产生想要吃饱的欲望。再加上,仅靠自己的意志力做抵抗确实非常困难。

容易半途而废的人，对任何事情都会采取这种态度。他们相信自己能够掌控自己的身体和情绪。这类人往往会认为："我一定要靠自己的意志力完成这件事。""只要两三天不睡，努力一把肯定能行。"但最终总是半途而废，结果不尽如人意。

因此，一定要放弃以前的想法，意识到自己的思想、情感、身体与自己本身并非一回事，自己是无法完全掌控的。我想强调的是，并非放弃自己的目标，而是放弃掌控自己的思想、情感、身体这个想法。这样一来，我们自己的思想、情感、身体会比现在更能发挥作用，能够作为外力帮助我们采取大量的行动。

或许看到这里，还有许多读者朋友不太理解我所说的。没关系，在后文中我还会为大家做更详细的解释。

告别半途而废的诀窍

我们要明白，自己的思想、情感、身体是无法掌控的。

思想的噪声：阻碍行动的元凶

一个人有了应该做的事情或者想做的事情时，如果能够立刻付诸行动并坚持下去，不再半途而废的概率就会提高。比如，能掌握英语技能的人往往就是那些真正行动起来去学英语，并且能够坚持下去的人。

有些人看到英语 CD 上写着"只要听了这张 CD 就能说好英语"的宣传语，会很不屑地认为："怎么可能仅靠听 CD 英语就会变好呢？"然而比起这些人，那些觉得"不管怎样先试试吧"，并坚持听英语 CD 的人，英语听说能力会更好（需要注意的是，如果你一直听自己听不懂的英语，收效甚微。就好比即使一直听巴萨诺瓦的 CD，也学不好葡萄牙语一样。反之,你坚持听自己听得懂的英语才有效果)。

在现实中,这样做才是最难的。人很难立刻付诸行动并坚持做下去。人就是这样,即便知道这件事必须做,还是会拖延;即便明白贵在坚持,还是会"三天打鱼,两天晒网"。那么,为什么会这样呢?这是因为我们的思想、情感、身体会阻碍我们的行动。我们不仅无法掌控自己的思想、情感、身体,甚至有时我们的行动会受到它们的抑制。

最"明目张胆"地阻碍我们行动的当数"思想"了。我们的大脑每天要思考大量的事情,其中大部分都是消极的。这种思考并非我们有意为之,这些事情仿佛云朵飘浮在天空一般,自然而然地就浮现在我们脑海中了。比如,当我们打算尝试新事物时,大脑中总会冒出"或许放弃比较好""做了也没用""可能我会失败"等消极的想法。然后我们就会败给这样的消极想法,最终没有采取任何行动。大家是不是都有过这样的经验呢?这是因为思想会阻碍我们的行动。

对于这种阻碍行动的思想,我称其为"思想的噪声"。如果大脑中全是这种"噪声",我们就无法采取行动了。不安、恐惧等情感同样会阻碍行动。甚至会出现即便自己想做些什么，身体也不听使唤的情况。正如这一节我所讲的，自己的思想、情感、身体有时会阻碍我们的行动。

> **告别半途而废的诀窍**
>
> 我们应该知道，阻碍我们行动的是思想的噪声。

让思想、情感、身体成为强有力的伙伴

讲到这里,可能读者朋友们渐渐开始觉得自己的思想、情感、身体仿佛变成了"坏人"。但事实上,不论是思想还是情感抑或身体,都是帮助我们的伙伴。我认为,我们的思想、情感、身体并不是我们自己本身,而是存在于我们内部的"合伙人"。就好比我们本身是桃太郎,而思想、情感、身体则分别是雉鸡、猴子和狗。它们虽然并非自己本身,但与我们如影随形,是保护我们的强有力的伙伴。

不知道大家有没有过这种经验,自己忽然想到的事情,之后才明白这其实是一件非常重要的事情。现在,我遇到弄不明白的英语单词,会尽快去查。因为,以前我在跟一位母语是英

语的朋友交流时,遇到过不太明白什么意思的单词。当时,我能够结合上下语境推测出这个词的大概意思,于是就想之后再查。然而我总是拖着没有去做这件事,最后竟然完全忘了那个单词。几个星期后,我与一位母语是英语的客户进行商谈时,再一次遇到了那个单词。我当时一惊,心想:"哎呀,又是这个单词。"结果因为慌神儿还漏听了这个词前后的语句,我当场捏了一把冷汗。那时我悔不当初,心里一直懊恼着:"早知道这样,当初就应该好好查一下这个单词了……"

或许,大家也有过类似下面这样的经验。你明明想着"这件事必须先跟×××联系一下",结果总是拖着没做,最后接到了客户的催促电话。于是你后悔不已地想:"要是提前跟×××联系,就不会让客户等着急了。"

正如这两个例子,我们忽然想到或注意到的事情,很多时候会意想不到地与之后某一件重要的事情有关联。这种"忽然注意到""忽然想起来"的事情,其实都是我们的思想、情感、身体提供给我们的重要信息。

基本上,我们的思想、情感、身体总是会给我们提供很重要的信息，所以它们是我们的好伙伴。我们要想接收这些信息中有用的东西，必须和思想、情感、身体建立良好的关系。如果我们没有与思想、情感、身体建立良好的关系，这些信息反而会变成思想的噪声，阻碍我们的行动，或者我们对这些重要的信息做出错误的理解。

> **告别半途而废的诀窍**
>
> 我们应该知道"忽然注意到""忽然想起来"的事情，其实都是我们的思想、情感、身体提供给我们的重要信息。

建立取舍意识

我先整理一下第二章前面几节的内容。这些内容主要有以下三个关键点。

① 基本上,思想、情感、身体总是会为我们提供重要的信息。

② 我们要想接收这些信息中有用的东西,就要与自己的思想、情感、身体建立良好的关系。

③ 我们如果不能与自己的思想、情感、身体建立良好的关系,就会错误理解真正有用的信息,或者使原本有用的信息成为思想的噪声而阻碍我们的行动。

那么,对于自己的思想、情感、身体提供给我们的信息,究竟什么时候是作为有用的信息接收了,而什么时候是错误理解了呢?我给各位读者朋友讲一件我在微软公司工作时遇到的事情吧。

当时,跟我同部门的一个同事,虽然每天都加班,兢兢业业地完成工作,但总是无法取得令人满意的业绩。这位同事人品很好,能力也绝不在别人之下,并且在工作上付出了比别人多一倍的努力。但是,他却为自己无法在工作上取得优秀的成绩而苦恼不已。

经过我认真的观察,我发现这位同事在寻找优秀人才时,其实也想尽了办法,用尽了招数。比如他跟许多家中介公司都建立了联系,并且会与各个中介公司的负责人面谈,然后去面试这些中介公司推荐的人选。此外,他还会打广告,并且在招聘网站上也发了很多招聘信息。

这位同事有一个特点,即他并没有取舍的意识。比方说,中介公司推荐的人中虽然有符合条件的优秀候补者,但也有很多不符合条件的人。他如果对中介公司推荐的人都进行面试,就会花费大量的时间。但这位同事却尽可能多地去面试中介公司推荐的人选。按照他的想法，他只要去面试这些人选，就可能碰到符合公司招聘要求的人才，所以他无法舍弃这极小的机会。而我的做法则是，只与最有希望的优秀猎头公司保持联系。某种意义上，我其实舍弃了招聘一线的捷径。

基本上人追求的都是安心与安全。哪怕有一点儿危险或不放心，人都会尽可能避免。因此，当一个人走向与安心、安全相反的方向时，大脑就会发出"最好不要这样做"的信息。我的那位同事之所以没有取舍的意识，是因为他只是按字面意思理解"最好不要这样做"这个信息。平时他的做法是尽可能多地去面试中介公司推荐的人选，他如果改变这种做法，就会感到不安。当他想要精减面试人数或者尝试做出改变时，"最好不要改变以往的做法"这种不安感就会涌上心头。接收到这个信息后，我的这位同事就不会轻易改变他的做法了，因为他根本没有取舍的意识。

另外，在刚开始委托外国猎头公司时，我心中自然充满了不安。但"不安感"这一信息，我是以另一种方式接收的。对此，我的看法是，（招聘人才这件事）可以不用找中介公司，可以委托外国猎头公司。但这并不意味着我把招聘人才这件事一股脑儿交给外国猎头公司就可以了,还要从外国猎头公司中筛选出能够理解我的工作并有共鸣的人。这一步要谨慎对待(这样做就会消除不安)。

乍一看,虽然我们都接收到了"令人感到不安"的信息,但接收的方式不同,之后的行动就会大不相同。

> **告别半途而废的诀窍**
>
> 如果发现自己没有取舍的意识,就要重新审视与自己的思想、情感、身体的关系。

将思想、情感、身体提供的信息与行动相关联

我在前面的内容中已经讲过，人每天都要思考很多事情，其中大部分都是消极的。所以，每当我们尝试新鲜事物时，大脑中就会不断出现诸如"我是不是做不到啊""尝试做了也会失败的吧""反正做了也没用"等这类消极的想法。我们会因为这些思想的噪声，变得难以采取行动而无法迈出新的一步。但是，我们如果能跟自己的思想、情感、身体建立良好的关系，就会阻止这种噪声出现。

比如开启新事业时，不论是谁都会担心："我真的能做到吗？"如果我们能跟自己的思想、情感、身体建立良好的关系，这种不安与担心就会成为一种警示："这意味着我还要做

更多准备。"于是，我们就会开始思考，到底哪个部分做得还不够好？具体的行动会随着不断成熟的想法展开。

又比如在投资方面，我们打算在高风险、高回报的投资上赌一把，会突然涌起一股不安感，这就是在提醒我们"最好不要赌这一把"。接收到这个信息后，我们就会寻找更稳定、风险小一些的投资。

正如前文所述，我们的思想、情感、身体发出的信息，能够变成动力，让我们一直向前，不断采取行动。

如果我们能够正确地接收我们的思想、情感、身体发出的信息，那么这些信息就会引导我们走向正确的方向。所以，我们只要按照这些信息的指引去行动就可以了。也就是说，当我们能够与自己的思想、情感、身体建立良好的关系时，它们就会成为我们的得力伙伴。

前文为大家介绍过了，本书所说的"外力"包括我们的思想、情感、身体，而将思想、情感、身体作为外力充分利用，就是将它们当作我们的伙伴，留意它们提供给我们的信息，并将这些信息与采取的行动联系起来。那么，我们究竟该怎么做才能与自己的思想、情感、身体建立良好的关系呢？下一节我将为大家详细讲述。

> **告别半途而废的诀窍**
>
> **我们首先要做的是留意思想、情感、身体为我们提供的信息。**

珍惜"自己的所有物"

"我丈夫完全不听我说的话。"不知道大家有没有听到过女性这样的抱怨。丈夫装作好像在听的样子,实际上完全没有好好听,妻子必须将同样的话说好几遍……这种事经常听说。两个人刚开始交往时绝对不会出现这种情况。大部分丈夫们在刚开始与妻子谈恋爱时都是认真听对方讲话的,然而,结了婚,过了几年后,态度就开始转变。男性开始拥有女性是"自己的妻子"这个意识,并产生错觉,认为妻子是"属于自己的东西"。

人一旦把某人或某物视为"属于自己的东西",就会认为这个东西的存在是理所当然的,便会不自觉地出现不重视这个东西的倾向。丈夫绝对不是完全不听结婚多年的妻子所说的话。但是，因为丈夫把妻子视作"属于自己的东西"，所以妻子的话有时听起来就像噪声，就会出现这种左耳进右耳出的情况。我们自己的思想、情感、身体也一样。我们如果将它们看作"属于自己的东西"，就不会把它们当回事了。

我们的思想、情感、身体一直在为我们提供重要的信息。我们平时感冒了，其实就是身体在提醒我们"该稍微休息一下了""要好好管理身体健康了"。当我们感觉很兴奋、有说不出来的幸福感时，很多时候都是在告诉我们"可以勇往直前"。或许我们的不安与担心就是在提醒我们"要更慎重地进行准备"。

我们一旦将思想、情感、身体"完全等同于自己"，或者视作"属于自己的东西"，就会不自觉地轻视它们。而这样会使我们漏掉重要的信息，或者把这些重要的信息当作思想的噪声而阻碍我们的行动。也就是说，我们要想与自己的思想、情感、身体建立良好的关系，第一步要做的是不再将它们"等同于自己"或看作"属于自己的东西"，而是将它们视作"好的搭档"。

大家如果被自己比较亲近的人无视了会觉得很痛苦吧。自己的思想、情感、身体也一样，如果它们被我们无视了也不会好受。然而，我们总是在做这样的事情。

比如，我们即便觉得最近很疲劳，也不会为此改变什么。原本我们感到疲劳了，就应该放缓工作的节奏，注意保证睡眠时间和饮食的营养搭配等，但我们往往会认为"不对不对，这种疲劳感只不过是自己的错觉"而不在乎。这种做法就是在无视身体发出的信息。或者，我们尽管最近很厌倦工作，但强行让自己产生"这种消极状态不行"的想法，而勉强自己继续工作。

像上面这样，把自己真实的想法掩盖住的做法，其实也是对自己的思想、情感、身体提供的信息的一种无视。这样一来，我们很难与自己的思想、情感、身体保持良好的关系。

为了与自己的思想、情感、身体建立良好的关系，我们首先要做的便是不无视它们发出的"声音"。不论是思想、情感还是身体，都非常讨厌被无视。但我们仅仅做到"不无视"是不够的。正如每个人都有自己的性格，相处方式也各不相同，思想、情感、身体也一样，我们要想与它们好好相处，就要采取不同的方法。接下来我们一起看一看到底是什么样的方法。

> **告别半途而废的诀窍**
>
> 思想、情感、身体一直在为我们发送重要的信息。

与身体友好相处

首先,我们来看看如何与我们的好搭档"身体"相处吧。

我们一旦对某件事或某样东西习以为常,就会觉得其存在理所当然。以我们在早晨会做的一些事情为例来说明这个问题。睁眼后立刻起身,深呼吸室外的空气,吃美味的早餐,在厕所舒服地排空肚子……都是我们早晨会做的事情。能够做到这些事情其实并非理所当然。只有肌肉、内脏等身体各个器官都能够好好工作,我们才能拥有幸福的早晨时光。然而,我们在身体健康的时候,往往会认为这些事情没有什么大不了的,都是理所当然的,就会忘记对这些"小事"表示感谢。

每天拼命工作（或者做家务、照顾孩子），却被认为做这些事是理所当然的，根本得不到感谢。各位读者是否产生过这样的不满？不论自己多努力，做的事情总被认为是理所当然的，这肯定会让人感到很失落，干劲也会被消磨掉。

自己的身体也是如此，如果被认为能够正常维持身体机能是理所当然的，就会觉得"不舒服"。我们如果不重视自己的身体，认为它的健康理所当然，而忘记感谢它，就会过度使用。

虽说如此，但我们做不到时时刻刻都关注着自己的身体。在此，我建议大家时不时地给自己的身体"写信"。我们可以给自己的身体写下想说的话。信的长短并没有特殊规定。大家只要像给亲朋好友写信似的，把自己的想法、感受写下来就可以了。我把这个方法也推荐给了听我讲座的人。实际尝试后，很多人都发现，原来自己一直以来都在无视自己的身体，伤害自己。于是，大家就会更加爱惜自己的身体。

这个方法能让我们发现，原来自己的身体并不是理所当然的健康，理所当然地为我们工作。"理所当然"的反面是"感谢"。人不会对自己觉得理所当然的事情表示感谢。我们发现这件事并非理所当然时,才会第一次产生感激之情。也就是说,通过写信,我们才能对自己的身体产生感激之情,才会更加爱惜自己的身体。

> **告别半途而废的诀窍**
>
> **给自己的身体写感谢信。**

警惕思想的"添油加醋"

和他人保持良好关系的一个诀窍，就是了解对方。和人际交往的道理相同，我们要想与自己的思想保持良好的关系，就要了解思想。虽然思想会因人而异，每个人都有自己的"习惯"（思想的倾向），但不论是什么样的人都会在某种程度上有共通的"习惯"。这个具有共性的习惯便是"添油加醋"。我们的思想并不会原封不动地接收事实，而习惯于在事实的基础上"添油加醋"。

我们拿夫妻间比较常见的"乱扔袜子"这个矛盾来举例。妻子会抱怨："我丈夫总是将脱下来的袜子乱扔。"而站在男性的立场上，丈夫会抱怨："我妻子遇到一点儿小事立刻就会很烦躁,比如乱扔袜子这种鸡毛蒜皮的小事……"

在这个问题上,不论是丈夫还是妻子都给实际情况添了油、加了醋。对于妻子来说,原本的事实是丈夫会将脱下来的袜子乱扔。对于丈夫来说,原本的事实是妻子会对乱扔袜子这件事感到烦躁。但对于原本的事实,妻子添了"总是"的油,丈夫加了"立刻"的醋。在这里,我们站在妻子的立场上试着考虑一下。原本的事实与妻子的想法具有以下这样的差别。

- 原本的事实:丈夫有时会将脱下来的袜子乱扔。
- 妻子的想法:丈夫总是将脱下来的袜子乱扔。

甚至,有时妻子会觉得丈夫乱扔袜子这件事就是不在乎自己的证据,而给自己加了多余的戏。原本的事实与想法之间多了一层分歧。而人会在事实与自己的想法之间产生分歧时感到痛苦。无法正视事实,而是进行了添油加醋,这种行为会使我们很苦闷。

面对丈夫将脱下来的袜子乱扔的行为,妻子如果进行更多的"添油加醋",比如"我总跟他说别乱扔袜子,可他就是不听""话说回来，不光是这件事，我说别的事情他也不好好听""以前他可不这样啊"等，就会感到更加烦躁。这种时候人都会感到很烦闷，而这种烦闷正是思想的噪声。不论是谁都会有因为心情烦闷而无法继续做事情的时候。

对于如何跟"习惯添油加醋"的思想相处，我将在下一节为各位读者介绍。

> **告别半途而废的诀窍**
>
> **不要"添油加醋"，要正视事实。**

不否定、不无视自己的想法

在进入微软公司工作前，我曾在一家中小型的人才中介公司做职业咨询顾问。我当时主要的工作是为考虑换工作的人进行一对一的职业咨询。在这个时期，我曾对一件事情很坚持。这件事便是，不责备对方。

来找我咨询的人当中，有一个20岁出头却换了5次工作的人。这个年轻人不论到哪家公司都待不了多长时间就辞职了。遇到这种情况，可能有人会觉得肯定是这个年轻人身上出了问题："为什么他不能忍耐一下呢？""为什么他不会慎重地选择公司呢？"但是我暗下决心，不论是什么情况，我都不会责备找我咨询的人。每一个来咨询的人都有他们不得已这么做的原因。所以我要努力做到理解对方。并且，那时我想，站在对方的立场，他肯定希望找到一个可以理解自己、与自己有共鸣的人做咨询。

讨厌被责备，寻求理解与共鸣。其实我们的"思想"也是一样的。比如，我们跟朋友表达了自己的想法后，对方突然直接否定地表示："不能那么想，这样不好。"我们会觉得很难受。这时我们往往会想："等一下，别那么快否定，在彻底否定我之前再听听我说的。"这与我们否定了自己的思想是一样的。比如，当我们认为自己"是个特别失败的人，真是羞愧"的时候，我们也许会责备自己："不能这么想，不可以这样看低自己。"这种情况，从某种意义上说就是在否定自己的思想。

思想讨厌被否定、被责备，并且也讨厌被当作错觉等无视它的行为。思想一旦被否定、责备或无视，就会加强自己的存在感。"唉，我果然是个不中用的人啊"这种想法会不断在脑中出现。因此，我们首先要做到不无视思想，这是非常重要的一件事情。我们要认可自己的思想，对它给予肯定。但这并不是说我们要认可自己是一个没用的人，而是要认可思想的这种想法。

> **告别半途而废的诀窍**
>
> **不论是什么样的想法,我们都不要轻易否定,首先要认可它。**

如果不能改变现实，试着中立思考

接下来，我们继续用"丈夫会把脱下来的袜子乱扔"这个例子说明问题。在上一节，我们讲到了如果思想"不喜欢"，那么我们就要认可它这个想法。但光是认可这个想法，是没有办法解决"丈夫乱扔袜子"这个问题的。比如，实际情况就是丈夫今天也把脱下来的袜子乱扔乱放了，而且这个问题每三天就会出现一次。丈夫明明知道我不喜欢这样，还是会这样做。丈夫其实是一个很自我、只按自己喜好做事的人。妻子对这个问题感到烦躁不已。

这种时候，多数人会为了解决这个问题而试图改变现实，比如改变乱扔袜子的丈夫或者很自我的丈夫。结果往往都不尽如人意。虽然这一做法可能会使问题暂时得到解决，但在将来的某个时点，丈夫又开始乱扔脱下来的袜子，或者爆发类似的问题。

归根结底，人都不希望自己被别人改变，不希望被掌控、被支配。这种时候，我们要做的并不是试图改变现实，努力接近自己的想法反而更有效。我们不要试图改变对方，应该试着重新审视自己的想法。

人们经常说："我们要乐观地看待问题。"这种说法是指什么事都有积极乐观的一面，我们要找到这一面。有的人对于丈夫把脱下来的袜子乱扔这件事，可能会努力寻找乐观的一面，比如："这说明丈夫在我面前很放松。我们刚交往时，互相都很紧张，这种事情绝对不会发生。对于丈夫来说，现在我们两个人的关系以及这个家是让他很放松和安心的。"她如果这样想真的能够消除烦恼，就可以试试。但我相信能这样做的人极少。

与乐观看待问题相反，有的人在看待问题时会很悲观。比如"丈夫脱了袜子乱扔根本就是因为不在乎我。这么说来，不光是乱扔袜子这件事，最近他做什么事都是这样……"这样一来，她就会更加烦躁了。

这种时候，我们如果能做到既不乐观也不悲观，而是中立地看待问题，就会轻松很多。对于发生的事情，我们不要勉强自己乐观对待，也不要悲观对待，原原本本地接受它就可以了。就像"丈夫把脱下来的袜子乱扔，而我对这件事感到很烦躁"这样就可以了。这时，重要的是要以"现实基本上都是好事"为前提。我们即便认为这件事并不好，也要认为这是最终朝着好的方向发展的过程。然后，我们要思考现实究竟向我们传达什么意思。我们要做的并不是判断好坏，而是要试着思考："这件事或这种烦躁的心情到底在向我传达什么意思？"我将这种想法称为"中立思考"。

> **告别半途而废的诀窍**
>
> **对于发生的事情，我们要试着思考："它到底在向我传达什么意思？"**

依靠中立思想解决问题

具体来说，思考过程如下：

丈夫脱下袜子后乱扔，我对此感到很烦躁。
↓
为什么我会对此感到烦躁呢？
↓
是不是因为我觉得丈夫不体谅我？
是不是因为我觉得丈夫不尊重我？
↓
或许，问题的本质就在这里？

正如上述这个思考过程，我们如果能够不添油加醋地看待事情，就会发现其实问题在其他地方。这位妻子如果从丈夫那里获得了比以前更多的爱，那么对于乱扔袜子这件事，她可能根本不会放在眼里。或者，她找一个适当的时机，冷静地告诉丈夫，希望他能够将脱下来的袜子放到洗衣篮中，这样问题就轻松解决了。有时也会出现下述这样的思考过程：

丈夫脱下袜子后乱扔，我对此感到很烦躁。

↓

为什么我会对此感到烦躁呢？

↓

是因为丈夫的行为看起来太随心所欲了吗？

↓

我之所以会对这件事感到烦躁，是因为自己不能随心所欲地做事吗？

是不是因为我并没有做自己想做的事情？

是不是因为我觉得自己总是忙于家务而没有自由？

↓

那么，究竟什么才是我发自内心想做的事情呢？

通过这样的思考，这位妻子或许能够更深入地审视自己。为了寻找自己真正想做的事情，或许她会开始阅读或者参加学习交流会等。最终，这位妻子如果找到了自己真正想做的事情，并成功实现了，这对她来说就是一个巨大的收获，或许她就不会那么在意丈夫脱下袜子乱扔的行为了。

我们对于发生的事情，总是会以某个时间点来判断其好坏。当判断这件事"不好"时，我们就会感到很烦躁。这样就会使事实与思想之间产生隔阂。对于任何事情，我们都不能以某个时间点的判断定好坏。说到底，任何事情其实都没有好坏之分，但我们总是会不自觉地进行判断。而这种思想是由我们被无数的规则捆绑所造成的。

> **告别半途而废的诀窍**
>
> **我们要知道，任何事情都没有好坏之分。**

让你痛苦的，就是你自己

大家有没有过下面这样的经历呢？我们被上司莫名其妙地训斥了一顿，心情非常糟糕。于是脑海中产生了各种各样的想法，比如"那个上司怎么总是说一些令人反感的话呢？怎么什么小事他都要插手管？明明他都不了解一线的工作"等。而这些想法会使我们不能安心工作。这种情况正是大脑中全是噪声而无法开展接下来的工作。明明是早上刚上班的时候被上司训斥了，之后我们总是去想这件事，导致一上午都没能好好工作。

这种情况的处理方式与之前讲过的基本一样，首先我们要认可自己的思想。这时我们往往会产生"被上司莫名其妙地训斥,心情真糟糕。哎呀!够了够了,一想到这个上司就生气,不想了"这样的想法。如果我们强行阻断,这种想法会更迅猛地袭来,还会使我们之后不断地想起这件事,并且一想就生气。

那么,我们来想一想,这个时候到底是谁让我们感到痛苦的呢?事实上,反复令我们痛苦的,正是我们自己。其实,我们只是早晨刚上班的时候被上司训斥了一次,却不断想起这件事,每次想起来心情都会变糟糕。如果我们能够迅速忘记这件事,我们的心情就不会反复变糟糕了。

我们之所以会感到烦躁、痛苦、悲伤,大部分是因为自己的行为准则被打破了。每个人都在无意识中拥有自己的行为准则。这些行为准则既有符合社会常识的(这里并不是说因为是常识所以必须遵守),也有相当任性自我的。这里所说的行为准则是指诸如"不能说谎""应该遵守时间""不能不遵守与别人的约定""要有礼貌地跟别人打招呼""夫妻或家人应该和睦相处"等。这些行为准则因人而异,有的人觉得"要想幸福就要拥有很多钱",有的人觉得"要想幸福就要考上好大学"。

上述这些"不能做某事""应该做某事""事情应该是什么样的"都是行为准则。每个人都拥有各自的行为准则，既有共通的行为准则，也有无法共通的。一旦这些行为准则被打破，人就会产生"无法原谅这种行为"的想法，然后就会产生很多思想的噪声。

如果我们的行为准则被打破，我们就会感到痛苦。我们如果不断想起行为准则被打破的事，就会更加痛苦。也就是说，我们要想从痛苦中挣脱出来，就要放弃自己坚持的行为准则。我们如果有"上司在训斥下属时应该更多地考虑下属的心情"这样的想法，放弃就好了。我们如果有"丈夫不应该将脱下来的袜子乱扔"这样的想法，把这种行为准则从自己的大脑中"擦"掉就可以了。

告别半途而废的诀窍

对于自己坚持的行为准则，要学会放手。

"做也行，不做也行"：激发行动的咒语

在前文中我们讲过，如果大脑中满是"噪声"而无法开展接下来的工作，我们只要放弃自己设定的"不能做、应该做、应该怎么样"这些行为准则就可以了。那么，我们怎么做才能放弃自己的行为准则呢？我为大家推荐一句话，请对自己小声地说一句："做也行，不做也行。"声音不用大，甚至不用说出来，在心里默念都可以。

比如，认为"上司在训斥下属时应该更多地考虑下属的心情"，这时我们就可以对自己说一句"上司在训斥下属时可以多考虑下属的心情，但不考虑也行"。又比如，自己的行为准则中包括"丈夫不应该把脱下来的袜子乱扔"，这时我们就

可以轻声对自己说"丈夫把脱下来的袜子乱扔也行,不乱扔也行"。再或者,如果觉得"夫妻之间应该总是和睦相处",对于这个行为准则,我们就可以默念一句"夫妻之间总是保持和睦相处也可以,不能做到总是和睦相处也可以"。

我们要做的就是告诉自己"做也行,不做也行""哪种情况都可以"。不论哪种情况,我们都要认可。这样一来,我们就能获得中立的视角,更容易接受现实。最终,我们会变得不再胡思乱想,心里也会更轻松。

> **告别半途而废的诀窍**
>
> 每当感到非常烦躁、悲伤而无法做事时,我们就可以对自己轻声说一句"做也行,不做也行"。

直观呈现脑中的想法

人,每天都会思考很多事情,其中大部分都是前一天或前几天思考过的事情。也就是说,我们整天都在思考相同的事情。或许有些读者朋友看到这里会想:"我们真的每天在思考那么多事情吗?而且还总是在思考相同的事情,这可能吗?"

为了与自己的思想建立良好的关系,我们就要从日常开始了解自己在思考些什么,这是非常关键的一件事。这里我推荐给大家的做法是"思考的呈现"。这个做法非常简单,只需要拿出一张纸,在上面直接写下自己现在的想法就可以了。我们可以设定3~5分钟的时间,将这个时间内脑海中浮现的事情依次写下来。这时大家脑海中可能会浮现出各种各样的事,比如与工作相关的事情、与家人相关的事情、与金钱相关的事情、与健康相关的事情、担心的事情等。不论是"啊，我现在肚子好饿""好困啊"，还是"现在觉得好疲惫啊""非常期待接下来的旅行"之类，都可以，只要把想到的都写下来就行了。不要进行修饰、修改，要原封不动地把想到的事情都写下来，是这个做法的诀窍。

通过这个做法，我们能直观地看到自己思考的内容。令人意想不到的是，我们对于自己每天在想什么并不是很清楚。所以，我们时不时地用这种做法梳理一下，更容易掌握自己思想的倾向。

在之前的内容中，我曾为大家介绍过"思想的噪声并不全是噪声，有时也会为我们提供重要的信息"，而这个做法则会帮助我们更容易且直观地看到自己的思想在传达什么信息。曾经有一位男性，通过这个做法发现自己总是在思考鸡毛蒜皮的小事后大笑不止。通过这个做法，有人了解到自己的想法很发散，在想一件事情时，总是一瞬间跳到这个想法，下一个瞬间又跳到那个想法……很多人在尝试了这个做法后都表示：发现了很多自己以前没注意到的事情，很有意思。各位读者朋友不妨一试。

> **告别半途而废的诀窍**
>
> **通过直观呈现脑海中的想法,了解自己思想的倾向。**

Chapter 03

第三章

发现自己的才能，勇于突破自我

才能是在实践过程中发现的

在进入第三章之前,我们先来回顾一下第二章的三个重点内容。

① 我们不要认为自己的思想、情感、身体等同于自己。

② 我们要将自己的思想、情感、身体视作外力,如果能够将其视作伙伴并建立良好的关系,就不会错过重要的信息。

③ 这些重要的信息能够帮助我们提高行动量。

在此基础上,我将在第三章为大家介绍发现自己才能的方法。那么,我们赶紧进入第三章的内容吧。

不知道各位读者会不会有这样的想法：只要能够发现自己的才能，找到发自内心喜欢的事情，就能够坚持下去并最终取得成果。

确实，每个人都拥有自己固有的才能。能够充分发挥自己的才能，喜欢做一件事情，会使我们容易取得成果。这样也有助于我们尽早告别半途而废的自己。

走红的搞笑艺人往往都很擅长创作段子或者口才很好，一流的厨师很会做料理。但要注意的是，这种想法中有个陷阱。有"只要能够发现自己的才能，找到发自内心喜欢的事情……"这种想法的人，大多都想要先发现自己的才能或找到喜欢的事情。他们会开始思考"首先我要发现自己的才能""我要先发现自己擅长什么""要找到自己喜欢的事情"。当他们找到自己喜欢的事情时，就会开始行动。这些人做事的顺序是这样的：

① **寻找**。
② **行动**。

但遗憾的是，社会上那些被称为成功人士的人中，很少是通过这种方法取得成功的。

我们的才能或者发自内心喜欢的事情,并不是我们想找就能找到的,也不是通过在书籍或网络上搜寻信息,抑或绞尽脑汁思考就能找到的。我们的才能、发自内心喜欢的事情,是一边行动一边注意到的。

我们如果有"自己说不定喜欢做这件事"或者"自己的才能可能就在这里"的想法,就要尝试去做。即便是模模糊糊的一种感觉,我们只要稍微在意,就可以试着行动起来。这样一来,我们会发现"原来这是我擅长的事情""原来做这件事很有意思""我还想继续做这件事"等。也就是说,我们喜欢的事情并不是努力寻找才能找到,而是我们意识到时才发现已经找到了。

当然,有时我们真的去做了,会发现事情其实没有自己想的那么顺利或者那么有意思。不论结果怎样,我们如果不尝试去做,就无法获得这些发现。因此,大胆尝试是非常重要的。

告别半途而废的诀窍

即使只是稍微有点儿想法,我们也要行动起来。

一有想法就立即行动

那么,具体该如何去做,才能发现自己的才能或者找到自己真心想努力去做的事情呢?接下来,我将为读者朋友们介绍几个方法。

首先,我们要重视突然冒出来的零星想法。

在日常生活中,我们会突然冒出来一个想法。比如,突然怀念起以前亲密的朋友,或者思念起住在老家的父母时,就会想"不知道他最近怎么样啊"之类。我们要做的就是,不要忽视这些突然冒出来的零星想法,要重视起来。

重视这些零星的想法，指的是根据这些想法立刻展开行动。比如，如果忽然开始想念没有住在一起的母亲，就要立刻打电话听听她的声音；如果有了自己想弄明白的问题，就要马上上网查找或阅读相关书籍。哪怕是在网上下单买书这种小行动也可以。总之，我们要做的就是立刻展开具体的行动。

立刻开始行动，这一点或许是那些成功人士所具有的共同点。我的职业导师珍妮特·布雷·艾特伍德，也是一个总是立刻行动的人。比如，在寻找某项工作的胜任者时，她心中只要有了比较合适的人选，她就会立刻跟那个人联系。如果对方是珍妮特直接认识的人，珍妮特会直接打电话联系。珍妮特如果没有办法直接联系对方，就会利用自己庞大的人脉想尽办法联系。因此，很多时候她都可以当场迅速解决问题。"之后再联系"这样的话，如果没有什么特殊情况，珍妮特一般是不会说的。

不少人都会忽视这种突然冒出来的零星想法。比如，虽然想打这个电话，但是现在有点儿忙，就想着之后再说吧，拖到最后也没有打；或者看到一本感兴趣的书，却想着现在不着急买，最终也没有去买；等等。人很容易掩埋这种突然冒出来的零星想法，也可以说，无视自己的想法或情感。

在第二章中，我为各位读者介绍过，我们的思想、情感、身体都非常讨厌被无视。我们如果总是无视它们，就无法与它们建立良好关系。

如果你发现不了自己的才能或是真心想做的事情，那么我建议你先从重视自己突然冒出来的零星想法做起。

告 别 半 途 而 废 的 诀 窍

我们要根据突然冒出来的零星想法，立刻采取行动。

注意辨别内心之声的真伪

人们常说：你想改变自己的人生或者实现远大梦想时，最好倾听自己内心的声音。对此，我也基本赞成。我们要做的不是思前想后、想东想西，而是要遵从内心的声音，靠这种直觉来行动。

人的思想具有保护自己的习性。它往往更倾向于选择安全、安心、安定的方向。因此，它会给我们罩上一层保护壳，我们往往无法突破它。我们的人生发生巨大转变或者梦想实现的时候，往往是我们打破了以往的保护壳的时候，而以自己的思想为中心行动的话，是做不到这一点的。靠直觉行动的人更容易突破自我。

但对于这个内心之声，我们需特别注意。之所以这么说，是因为内心之声包括"冒充者"。虽然表面上是自己的内心之声，但有时其实是思想的噪声。

网上充斥着诸如"只要这样做，就能轻松减肥""只要这样做，就能轻易攒钱""只要这样做，就很容易说好英语"等乍一看很吸引人的信息，但其中有些信息被语言巧妙地包装了，让人产生自己照着做就能轻易改变的错觉。于是，人们仿佛听到了自己的内心之声："确实应该这样做。"但往往尝试之后结果不尽如人意。

再打个比方。我们可能都遇到过这种情况，在商店购物时被店员巧妙的话术推销后，感觉自己不买就亏了。于是我们借着这股冲动劲儿，买下自己压根儿没打算买的东西，事后却会后悔："我怎么买了这个东西？"

这种情况就是自己感觉遵从了内心的声音而采取了行动，但这个声音并非真正的内心之声。我们也可以称之为"内心之声的冒充者"。

事实上，我也曾被"内心之声的冒充者"蒙骗过。曾经，我突然产生了一个想法，觉得自己可能很适合做会计，便决定考取美国注册会计师执照。于是，我向培训机构支付了90万日元的学费，开始了会计的学习。但很快我就发现，我压根儿不喜欢会计这一行业，不，甚至可以说我很讨厌这个领域。当时我觉得，即便这样努力学习，之后考取了注册会计师执照，接下来从事这份工作我也不会开心。最后，我虽然觉得90万日元学费很可惜，但还是放弃了继续学习会计。

说到底，我想要考取美国注册会计师执照，源于我在IT公司作为工程师的工作。当时，我想当一名工程师，于是开始在那家公司工作，可那里的工作令我苦不堪言。

正当我备受煎熬时，我了解到：如果IT工程师能够考取注册会计师执照，就能够从事IT咨询的工作，最低的年收入能达到1000万日元。

了解到这个信息后，我当时就想："虽然现在的工作没有意思，但如果我以IT工程师的身份考取了注册会计师执照，那么对我很有帮助，或许以后我还能成为IT咨询师；这样一来，我的年收入还能提高，绝对比现状强得多。"实际开始学习后，我才发现，我如果那样做了，就会更不幸。

> **告 别 半 途 而 废 的 诀 窍**
>
> **我们虽然可以遵从直觉这个"内心之声"，但要注意辨别真伪。**

真正的内心之声何时到来

真正的内心之声与"冒充者"有何区别呢?

当我们能够与自己的思想、情感、身体建立良好的关系时,也就是说,当思想的噪声很少出现时,思想、情感、身体发送给我们的信息才是真正的内心之声。

内心之声的冒充者则截然相反。当我们没有与自己的思想、情感、身体建立良好关系时,它们发出的信息便是内心之声的冒充者。在这种状态下,我们会产生很多思想噪声,很容易错将思想的噪声当成内心之声。也就是说,这时的内心之声乍一听似乎是发自内心的,但其实是我们脑子中胡思乱想的声音,以及伴随这些噪声的兴奋和激动。

真正的内心之声很稳重。沉静下来的感觉、很舒服的感觉、头脑清晰的感觉、愉快的感觉、忘我的状态、莫名兴奋的感觉——我们有这些令人心情愉悦的感觉时,浮现出的语言或想法才是真正的内心之声。

乍一听,内心之声说的是内心,所以可能有人会觉得这个词指的是自己的情感。但其实并非如此。内心之声指的是思想、情感、身体分别单独或是同时发出的信息。

内心之声有时会以"我很在意……""最好做……""想做……"等这样的具体语言或想法涌现出来;有时也会以情感的方式传递,比如当我们听说某事后,就会莫名地感到很兴奋等;有时则会以身体的反应来呈现,比如听说某件事情时,身体会觉得很温暖或很有精神等;甚至,有时还会通过思想、情感、身体同时传递出来。

我们要想捕捉内心之声,就必须与自己的思想、情感、身体保持良好的关系。我们要想发现自己的才能,遵从内心之声,采取具体的行动很重要;为了捕捉真正的内心之声,与自己的思想、情感、身体保持良好的关系也非常重要。

> **告别半途而废的诀窍**
>
> 当我们能够与思想、情感、身体保持良好的关系时,我们要遵从这时的内心之声。

每一次微小行动都是一个点,最终会连成线

我们为什么要重视突然冒出来的零星想法呢?这是因为这些零星的想法可以转化成行动,而点终将连成线。

对于有些行动,我们仅关注其本身,可能无法了解它对自己的人生有何作用。此外,有些行动之间似乎没有什么关系,仿佛都是单独完成的。这时,我们可能会叹息"自己做事没有一惯性"。

但是,如果我们能够重视自己突然冒出来的零星想法,并根据这些想法展开具体的行动,经过日积月累,这些行动终将起到作用。将来的某一天,我们回顾时就会发现,原来当初做的

那件事情在这里起到了作用,另外一件事情在那里发挥了作用。

以我的亲身经历为例,我在大学毕业后进入了一家英语培训公司。我在这家公司工作了 2 年,随后为了在事业上有所突破,跳槽到了一家 IT 公司。后来,我又去了一家人才中介公司。之后我进入了微软公司,在那里工作 5 年后便自立门户,开了公司,现在又开始做讲座讲师。这样一看,仿佛我一直以来从事的工作都没有一惯性。但事实上,这些工作都与我现在的事业有密切的关系。

我刚毕业就进入的那家英语培训公司,包括我在内只有 4 名员工。公司不光规模小,新入职的年轻人也只有我一个,因此当时我被要求做了许多工作,从帮社长拎包到后勤管理的工作,甚至是教材的翻译和培训的运营工作等。我在这家公司得到了各种各样的锻炼。虽然那时我感到肉体和精神都极度痛苦,并且在工作过程中犯了不少错,因此整天被老员工训斥;但通过这样的经历,我了解到一家公司该如何运营,有什么样的工作内容,如何才能提高工作效率等。我在那家公司学习到了经营一个公司的模式。此外,在这家英语培训公司,我还当过培训讲师。正是在这家公司当讲师时获得的乐趣,让我在自己开公司后仍然产生了"还想做讲师"的想法。

虽然我在 IT 公司工作时也感到很痛苦，但那时作为系统工程师的工作经验，对我在微软公司从事人才招聘工作具有极大的帮助。我在微软公司负责 IT 技术人员的招聘，而系统工程师的工作经验正好能帮助我很好地发掘公司所需的人才。

此外，我从大学开始一直在学习英语，这也为我进入微软公司工作发挥了巨大的作用。反之，假如我没有系统工程师的工作经验、不具备英语能力，恐怕无法进入微软公司工作。

之前讲过，我作为讲座讲师出道的契机是与珍妮特·布雷·艾特伍德的《热情测试》这本书的相遇，而当初我能够读懂这本从美国邮购的书，也是因为我已经拥有了一定水平的英语能力。

正如我的个人经历，某个行动虽然在当下似乎没有什么意义，但将来总会在某个地方发挥作用。一个又一个点，终将连成线。我们可以将突然冒出的零星想法不断转化为行动，以此告别半途而废的自己，最终这一个又一个行动会连成一条突破自我的线。

告别半途而废的诀窍

我们如果能将突然冒出的零星想法不断转化成行动,最终会发现它们可以连成突破自我的一条线。

充满热情的事,就坚持做下去

坚持做使自己充满热情的事,这也能帮助我们发现自己的才能。

很多人容易产生这样的误区:将才能等同于自己擅长的事情。当然,自己擅长的事情有可能变成自己的才能,但仅仅是擅长并不一定就是才能。之所以这么说,是因为无论是谁,在什么领域,只要花费足够的时间努力学习某项技能,多数情况都能够学会。也就是说,"坚持就是胜利"。虽然学会的这项技能可能会成为那个人的武器,但这与才能多少还是有些不同的。

一个人的才能,不仅仅在于擅长某事,还在于做那件事时充满热情，发自内心喜欢那件事。所以从寻找自己的才能这个点来看，比起觉得应该做、最好做、必须做的事情，去做自己单纯想做或者乐意做的事情更好。我们要坚持做的事情是那些说不上有什么理由，但是自己就是喜欢，在做的时候也会觉得很开心的事情。这些事情才是自己的才能所在，或者是真正擅长的事情，而它们很有可能在某个时刻为你提供帮助。

比如说，听我讲座的一个人在某一天突然发现自己特别喜欢茶。在那之前，他只是觉得自己很喜欢喝茶，之后他突然发现他对茶本身很感兴趣。于是他就开始通过学习和参加讲座等了解茶，并且考取了专门的资格证。现在，他从事的是销售进口茶叶和茶具的工作，每天工作起来都非常开心。

热情很容易与欲望混淆在一起。打个比方，有一个已婚男性总是在外面"偷吃"。对他来说，在外面和妻子以外的女性保持亲密关系既不是应该做的事情，又不是最好要做的事情，只是他自己单纯地想这样做。这与刚才讲的"（做事的）热情"不同，这位已婚男性是被自己的欲望支配了。他的行动遵从的是我们之前讲过的"内心之声的冒充者"。

其实（做事的）热情正是我们的内心之声。在前文中我已经为大家解释了内心之声与冒充者的区别。而区分热情与欲望的一个方法就是，判断是否会在这件事情上有罪恶感或无奈感。一般来说，人们做出出轨这种事都会伴随着罪恶感（当然也会有例外的人）。

再比如说，一个很喜欢吃巧克力的人吃了很多巧克力。吃完之后，他就会产生"哎呀，我怎么又吃了这么多"的罪恶感或无奈感，那么这就是欲望。而在做完自己充满热情的事情后，我们会被充实感和喜悦包围。

告别半途而废的诀窍

我们如果做某事时充满热情，并且被充实感和喜悦包围，就要坚持做这件事。

"Essence Zero" 冥想法

在前文中,我为大家介绍过,若想找到自己的才能,最好做自己想做的事情或纯粹喜欢做的事情。但有些人可能连自己想做什么、喜欢什么、想要什么都不知道。事实上,并不是所有人都有"自己真正想做的事情"。因为有很多思想的噪声存在,所以我们无法注意到自己真正想做的事情,听不到"我想做这件事"这个内心之声。

在第二章我为大家介绍过,要想听到自己的内心之声,与自己的思想、情感、身体建立良好的关系是非常重要的。在这里,我为大家介绍一个与自己的思想、情感、身体建立良好关系的方法,这个方法是一种简单的冥想法。我将这种方法称为

"Essence Zero"。具体做法是，闭上眼睛，听大约 8 分钟的引导声音即可。大家尝试后就会知道，我们的思想、情感、身体很喜欢这样做。

一般的冥想都会让我们尽可能放空大脑，不去思考或感受任何事，而这个"Essence Zero"冥想法则让我们去感受近乎零的那种极其微弱的能量。比起尽量不去感受，其实人更容易做到的是去感受。

大家实际尝试后就会发现这种冥想法简单易学。连很多在其他冥想法上坚持不了多久的人都表示，他们能够坚持做这个"Essence Zero"冥想法。

我担任理事代表的一般社团法人"本质力开发协会"的官网（http：//www.epowerda.com/）上为大家免费提供了"Essence Zero"冥想法的引导声音。以文字的形式很难呈现，感兴趣的读者可以去官网上聆听一下。

"Essence Zero"冥想，能够减少思想的噪声，让我们更容易听到自己的内心之声。多尝试几次"Essence Zero"冥想，在与自己的思想、情感、身体建立良好关系的过程中，我们会逐渐弄清楚自己的喜好。

我们如果找到了自己喜欢的事情、想做的事情，就要有意识地增加相关信息的输入。这样做可以提高成功的概率。

> **告别半途而废的诀窍**
>
> **我们通过"Essence Zero"冥想法，减少思想的噪声。**

努力做好眼前的事

我们如果找不到自己喜欢做或想做的事情，就努力做好眼前的事。这也是非常重要的。对于眼前的事，我们即便感到痛苦或厌烦，也要做好，这样能帮我们带来新的机会。比如，我在人才中介公司工作的时候，得到了进入微软公司工作的机会。

某一天，上司把我叫到了会议室。当时我还以为我在工作中犯了什么错，结果一进去上司就问我："鹤田，你想不想去微软公司工作？"这件事有点儿机缘巧合，一个在微软公司有强大人脉的人介绍了这个职位，而我的上司正在帮他物色合适的人选。当时我虽然很诧异，但立刻就答应了。于是我就得到了这个在微软公司工作的机会。

顺便一提,后来那个上司跟我说,如果我没有当场答应,他就会问其他人。对我而言,进入微软公司这一机会可谓从天而降。

我之所以能够得到这个机会,是因为遇到了一个好时机,这自然不必多说。此外,我自己说这话有点儿不好意思:正是我在人才中介公司的努力工作,让上司对我有了很高的评价,即便他把我介绍到微软公司,我也不会给他丢脸。

进入微软公司后,我能够在人才招聘方面取得很好的业绩,得益于在 IT 公司的工作经验。虽然我并不喜欢 IT 公司的这份工作,但我依然尽自己最大的努力完成工作。

此外,我在公司任职时就开始参加各种讲座,我曾下决心"在参加讲座这件事上要全力以赴"。我飞往加拿大参加珍妮特·布雷·艾特伍德的讲座也持同样的想法。当时参加珍妮特讲座的人当中只有我是日本人。或许因为很少有日本人参加那个讲座,再加上我的全力以赴,所以珍妮特很欣赏我。

讲座结束后,珍妮特要去朋友的别墅玩,并邀请我一同前往。当时我立刻就答应了。通过与珍妮特及她的加拿大富豪朋友两天一夜的旅行，我与珍妮特相处得更加愉快。可以说，正是这段相处，使我成功得到了翻译珍妮特书籍的机会。

如果读者朋友们找不到自己喜欢的事情，那么请试着努力做好眼前的事情。你如果是学生，就要努力学习，多参加社团活动；你如果是家庭主妇，就要努力做好家务活儿，照顾好子女。如果某件事是自己的兴趣爱好，我们更要全力以赴地去做。总之，我们要尽自己的全力做好眼前的事。这个"尽全力"，比起仅靠自己一个人的力量，尽可能借助外力会让自己更轻松，效果更好。

有时我们需要逃避眼前的事。学会适时逃避也很重要。如果眼前的事情令我们痛苦、厌烦或者身心俱疲，之后我们恢复起来需要很长时间，因此在变成那样之前我们要学会逃避。

我们如果能够与自己的思想、情感、身体建立良好的关系，就能够掌握逃避的时机。从这个意义上来讲，经常与自己的思想、情感、身体进行沟通，是非常重要的。

> **告别半途而废的诀窍**
>
> **我们如果找不到自己想做的事情,就要全力以赴做好眼前的事。**

让别人发现自己的才能

我拥有在人才中介公司做职业顾问的经验，也曾在微软公司面试过数千人。因此，直到现在还会有人向我咨询找工作或者跳槽的事情。很多找我商量相关事宜的人都有这样一个共同的烦恼：他们并不知道自己的特长是什么。

我们在填写简历或招聘表格时会发现，一般都有一栏展示应聘者的优势、特长的"自我介绍"，并且面试时几乎都会被问到"你的优势是什么"这个问题。所以，求职者都会绞尽脑汁地想自己的优势、特长是什么。甚至有些人还会钻研有关自我分析的书籍。一番努力落空后，有些人就会寻求他人的帮助。找我咨询的求职者中，有些人充满了悲壮感。

对于找我的人，我其实并不怎么担心他们。因为，从他们寻求帮助的那一刻起，问题的八成就已经解决了。当然，我在相关方面有专业的经验，一般仅通过一次咨询就能够帮助他们找到自己的特长与优势。

靠自己解决不了→打算找别人商量→行动起来，找别人商量

从采取了上述这番具体的行动开始，问题基本上就已经解决了。说到底，人是很难注意到自己的特长、优势的。每个人都有自己的长处，但很多时候，人们都对自己的长处习以为常，很难注意到。

我们以声音为例说明一下这个问题。我们的声音是与生俱来的（即便随着成长或多或少会有变化），但我们往往无法察觉自己的声音是否好听。别人听后，会觉得"这个声音真好听"。

又比如，待人接物很和蔼的人能够得到他人的信赖，这便是一个巨大的优势，而这个优势本人往往难以察觉。

我的一位朋友经常叹息自己"毫无长处，做事总是半途而废"，但在我看来，他并非毫无长处，能够获得很多人的信赖就是他的长处。这位朋友很善于帮助他人解决问题，能够帮助对方调整想法，引导对方做出正确的行动。但在他本人看来，这是很自然的事，正是因为自己理所当然地做到了，所以他才会觉得别人同样也能够做到，就不会认为自己的这个能力有什么特殊的价值了。

令人出乎意料的是，很多人对自己的价值都会做出过低的评价，但在他人眼里，自己的价值是显而易见的。别人能够看见本人看不到的闪光点。因此，我们想要找到自己的长处或优势，可以多询问他人。

对于总是发现不了自己才能的人，我建议你，不要总是试图自己一个人寻找，应该多询问他人。询问对象可以是同事、上司、后辈、家人、朋友等。这样一来，或许你就能够发现自己完全没注意到的才能。

> **告别半途而废的诀窍**
>
> **我们要行动起来,向别人询问自己的长处和优势。**

沉睡在消极情绪中的宝藏

有时候,我们如果能够认真审视自己的情绪,就能发现自己的才能。我们可以观察自己什么时候会兴奋、激动,什么时候会嫉妒等。不论是积极的情绪还是消极的情绪,很多时候我们产生的情绪中就潜藏着宝藏。那么,我们怎么做才能发现这个宝藏呢?首先,我想为大家介绍一个着眼于自己消极情绪的方法。

以我的经历为例,在我成为讲座讲师前,我曾参加过许多讲座。说实话,讲座内容可谓鱼龙混杂,既有讲得非常精彩的,又有内容很一般的讲座。听完这些讲座后,我的感想大致分为两类。

一类感想是:"这个讲座内容非常精彩。这位讲师很棒。"在这种情况下,我被讲师的讲座打动,内心并不平静。我会觉得:"我根本无法超越那位讲师。像他那么精彩的讲座,我做不到。"由此产生了退缩的情绪。

另一类感想是:"这个讲座非常一般。"评价比较不客气。讲座结束后我会很愤慨:"为什么那个人明明没有讲什么了不起的内容,却可以以专业人士的身份赚钱呢?"在做出这个评价时,我其实什么也没做,却以居高临下的态度评价对方。简单来说,我就是在嫉妒那个讲师。

不论上述哪类感想,都是消极情绪。与他人进行比较后产生了消极情绪,这正说明自己很在意那件事。人如果不在意什么事,根本不会管别人做得好不好。比如,我即便看到一流的厨师闻名全世界,也不会羡慕或嫉妒。这是因为我对做料理这件事并不会特别在意。想要成为厨师的人,对待这件事的态度就与我不一样了。

我们之所以会产生消极的情绪,是因为其中压抑着自己的能量。一旦这个能量得以释放,我们就有可能迅速成长,很容易取得成果。但是，人们又害怕出现这种变化。一般来说，人都倾向于放心与安全的环境，而维持现状往往是最令人感到放心和安全的。相反，巨大的变化会令人感到很不安。如果才能得以开发和发挥，或许自己的人生就会有巨大转变，不得不辞掉工作，而现在的人际关系也会发生变化，甚至不得不放弃现在已经习惯了的生活……

这么一想，变化确实是一件令人感到害怕的事情。所以很多时候，人们故意装作看不见自己的才能，甚至压抑它。正是我们有意无意地把它藏了起来，导致我们找不到自己的才能。

接下来，我们想一想自己什么时候会产生消极情绪。具体来说，我们要思考以下三个问题。

① 什么时候会嫉妒？

② 什么时候会觉得别人明明没什么了不起，却取得了成功？

③ 什么领域会让你觉得"虽然憧憬，但那个领域有非常厉害的人，自己绝对做不到"？

向自己提出这三个问题，得到的答案中包含着指引你找到自己才能的提示。即便答案并不清晰，我也建议大家尝试一下。大家不用在意当下的能力。一旦我们开始做适合自己的事情，成长就会相当迅速。

> **告别半途而废的诀窍**
>
> 我们要试着思考，什么时候会产生消极情绪。

沉睡在积极情绪中的宝藏

有时宝藏也会沉睡在积极情绪中。对于积极情绪,请大家试着思考以下 7 个问题。

① 你什么时候觉得最充实?
② 你什么时候获得了最大的喜悦?
③ 你什么时候最高兴?
④ 你什么时候获得了最大的表扬?
⑤ 你觉得最有意思的事发生在什么时候?
⑥ 你什么时候最热衷一件事?
⑦ 你什么时候觉得自己最成功?

比如问题①，我们就要去想，"什么时候觉得最充实""那时自己处于什么样的环境""那时身边有什么样的人"等。

不论针对的是积极情绪还是消极情绪，在考虑问题的时候，我们不要在大脑中空想，一定要拿出一张纸写下来。

此外，我们还要注意的是，不要将自己的才能局限在一项。想要找到自己才能的人，往往容易局限住自己，仅去寻找自己最卓越的一项才能。但我们要明白，每个人的才能都不止一项。每个人都拥有很多才能，有的人才能很集中，有的人才能分散在不同领域。希望大家不要只关注最突出的才能。你如果觉得"在这件事上说不定我也有一点儿小才能"，千万不要无视。

> **告别半途而废的诀窍**
>
> 我们要试着思考，什么时候会产生积极情绪。

尽可能多去尝试

我们买衣服的时候肯定遇到过这种情况,第一眼觉得这件衣服还不错,但试穿后并不怎么满意。这个道理我们都明白,买衣服的时候,不试穿是无法知道衣服是否适合自己的。

自己的才能也是如此,不实际尝试,我们无法知道究竟什么才是自己的才能。因此,我们即便只是隐约觉得"这可能是我的才能"或者"没准儿我很擅长这件事",也要通过行动去验证。这一点非常重要。

当我们通过关注自己的消极情绪收到了寻找自己才能的提示时,之后要做的事就是行动起来。我现在之所以从事讲座讲师这份工作，是因为我以前曾注意到自己很擅长在别人面前讲话，并善于向他人传授知识、技能等。而且，我在做这些事情时非常快乐，具有充实感。但在注意到这件事之前，我曾做过诸多尝试。在现在这份工作之前，我曾在四家公司工作过，所从事的工作全都不一样。从某种意义上说，这些都是我的尝试。

在工作之余，我也曾尝试过许多事情。给大家举几个例子。我曾在上大学时打过架子鼓，并且还和朋友组过乐队，但最终仅表演过一首曲目。步入社会后，我想尝试一个人的旅行，于是便一个人在日本到处旅行。但我很快就厌倦了这件事。因为工作需要去国外，这种有目的性的旅行，即便是一个人我也感到很快乐。但仅是漫无目的地随便逛逛，单独旅行，并不适合我。为了锻炼身体，我曾挑战过马拉松长跑，去过健身房，但都没有持续多久。后来我又想尝试摄影，于是买了一台性能还不错的数码相机，并专门在户外拍过照片。当时我还想，如果自己打算好好玩摄影，就买一台单反相机，但最终也没去买。正是因为我实际尝试过了，我才明白自己并不适合这些事情。

所以，各位读者，请务必在各种事情上多加尝试。实际尝试时，我们尽可能以低风险的形式开始，千万不要做出"马上就裸辞"或者"一股脑儿投入大量资金"这种事。尝试过后，我们如果中途发现自己并不适合这件事，就要及时止损。我们不要因为"交了学费，不去的话就浪费了"这种想法而勉强自己继续学下去，因为这种坚持是没有意义的。

低风险的尝试可以使我们更容易在各个方面都有所涉及，并且也很容易收手。我们即便失败了，也不会悔不当初。

总之，我们要做的就是尽可能多去尝试。经过尝试，很多事情我们很快就不想做了，但其中一部分我们却能坚持下去。而这部分坚持下来的事情，就是我们擅长的事情。

告 别 半 途 而 废 的 诀 窍

我们要尽可能多去尝试。

你的才能就藏在让你恐惧不安的事情中

之前我为大家解释过，一个人的才能不仅仅在于擅长某事，还在于发自内心喜欢那件事。因此，我们应该多做自己喜欢的事情。听我这样一说，可能有人就会认为："我只要找到自己真正喜欢或想做的事情，就能够认真对待。"并且，总是容易半途而废的人可能也会产生这种想法。

有人可能会认为："我之所以总是半途而废，就是因为我没有找到自己真正喜欢或想做的事情。我找不到能让我认真对待的事情，所以才会半途而废。"于是，这些人就开始努力寻找自己真正喜欢或想做的事情。但大部分人都会因为找不到而叹息。从某种意义上说，找不到是必然的。因为人们总是对自己真正喜欢的事情或发自内心想做的事情避而不见。

人们绝对不希望自己想做的事情失败，都想要取得成功。因此，人们并不想看到这件事情半途而废或者进展不顺利这种很丢脸的结果。人们往往会想，如果结果这么糟糕，还不如不做。于是，在这种想法的驱动下，人们就会放弃做这件事。人们其实是在逃避自己真正喜欢的事情，因此，才找不到自己真正喜欢的事情。

事实上，我们真正喜欢或想做的事情就在我们身边。我通过职业咨询或一对一面谈等形式，帮助很多人找到了自己的才能。很多人都发现，原来自己的才能就在身边。可能有人会问："你说才能就在身边，那具体在哪里呢？"提示语就是"不安"与"恐惧"。你身边令你感到不安和恐惧的事情中，有可能就隐藏着你真正喜欢或想做的事情。

某个时刻，我突然发现自己很想作为一名讲师在人前宣讲，为大众做讲座。其实很久以前，我内心深处就已经萌生了从事讲师这份工作的想法。之前我也为大家简单介绍过我的经历，大学毕业后我就进入一家英语培训公司，在那家公司我曾做过很多次讲师的工作。当时我讲授的内容是公司事先安排好的,不需要我自己想,我每次只需要将相同的内容讲授给不同的人就可以了。那时每次讲课令我"很开心"的那种感觉一直留存在内心深处。

然而,之前我完全没有想过当一名讲座讲师。因为我觉得社会上已经有很多相当优秀的讲师了,而且我也没有自信在众人面前讲授非固定的内容。说到底,那时的我没有原创的内容讲授给大家,即便有原创的内容,也不知道如何讲授。在这件事上,我是充满不安的。但当我一点点开始将这些小想法转为行动后,随着行动的积累,我发现了自己真正想做的事情。各位读者朋友,请问你们身边令你们感到恐惧与不安的事情是什么呢?

> 告别半途而废的诀窍
>
> **试着关注令自己感到恐惧与不安的事情。**

Chapter 04

第四章

开始行动并坚持到底的诀窍

让过程充满趣味

在进入第四章之前,我们同样先将之前的内容整理一下,主要有以下三点。

① 为了告别半途而废的自己,我们需要大量的行动。而外力对于大量行动来说是必不可少的。
② 我们只要发现了自己的才能,就会提高告别半途而废的概率。
③ 我们的才能是在不断的行动中被发现的。

总而言之,为了能够告别半途而废的自己,为了能够发现自己的才能,行动起来是非常重要的。在第四章,我将为大家介绍如何才能开始行动，行动后如何才能坚持下去。

能够将某件事坚持做下去的诀窍就是，能够一直做得很开心。比如，在无数电视剧中，能够让我们一直看到最后的只有有意思的电视剧。一直看的连载漫画，也是能够让我们看得津津有味、充满乐趣的作品。人一旦觉得某件事没意思了，往往就会立刻放弃。只有某件事令人觉得有意思，我们才能坚持做下去。因此，我们要想把某件事坚持做下去，必须考虑如何才能做得开心。

令人意想不到的是，当我们想要取得什么成绩或实现某个愿望时，我们考虑的往往是结果。比如，当我们想要减肥时，我们考虑的往往是"最终目标是瘦多少斤"或是"瘦了以后就能穿漂亮衣服了"；当我们想学英语时，我们考虑的往往是"如果能说英语就能拓展自己的工作了"或是"学会英语后要一个人去国外旅游"等这样的结果。但真正重要的并不是结果，而是中间的过程。结果出现在过程之后，如果我们轻视了过程，结果就不会如期而至。

听我讲座的人中有一个舞蹈老师，他曾跟我说："能够学好舞蹈的人往往都是那些本身就喜欢舞蹈的人，喜欢练习跳舞的人。"相反，学不好的人往往想的是学会舞蹈以后既能扩大自己的交际圈，又能锻炼身体、丰富人生等，他们更多想的是学会舞蹈之后的好处。比起练习的过程，他们更希望感受结果的喜悦，显然很难坚持下去。减肥也是同样的道理，只重视结果的人即便能瘦下来，最终还是会反弹。

因此，享受过程非常重要。我们如果感到过程很有意思，就能坚持下去。此外，一边做一边享受，更有助于发挥我们的能力。我们如果光想着结果，就会因为紧张而连原本拥有的能力都难以发挥。从提升自己的能力这点来看，享受做事的过程也是非常重要的。

告 别 半 途 而 废 的 诀 窍

比起结果，我们更要关注过程，并且要享受做事的过程。

先从整件事的 1% 着手

有时,我们要写企划书,却总是提不起劲头;要制作开会时使用的 PPT,但因为嫌麻烦,总是开不了头。我们总是遇到上面这种情况,明明不做不行,但是自己总是提不起劲头,开不了头。遇到这种情况时,我建议大家尝试从整件事的 1% 着手。

比如要制作开会时使用的 PPT,我们可以先从仅做一张 PPT 开始,先下定决心"就做第一张",要以"第一张做完后是否继续做,到时候看心情再决定"这种随意放松的心情开始。我们以这种随意放松的心情开始做事,往往能够坚持下去。

我们平时之所以无法开始做事，是因为产生了畏难情绪，比如"好像很费劲""看起来很花费时间""似乎很麻烦"等。但事实上，只要我们开始做，很多事情会比我们想的还要容易做完。一旦我们以"我先开个头就好"这样的心情开始做事，事情往往自然而然就做完了。

总之，我们只要先开始做一部分，就很容易产生"接下来继续做下去吧"这种想法。那些总是叹息自己"一事无成、半途而废"的人，或许就是因为忽视了这最初的一步。可能有人会说："这不就是开头的一小步吗？"从长远来看，当你回顾当初时，你就会发现开头迈出的这一步，其实是往前迈进了一大步。

以我自身来说，当初我在网上购买《热情测试》这本书，正是我从事现在这份工作的第一步。当初我只不过是在亚马逊网站上看到了珍妮特写的这本书，然后点击购买而已。而这本书深深地打动了我，促使我飞往加拿大参加珍妮特的讲座。随后我又被珍妮特讲授的内容和她本人的人格魅力打动，产生了将《热情测试》这本书由英语翻译成日语的念头。我虽然当时毫无翻译经验，也没有出版经验，但有一股强烈想做这件事的劲头。

终于，我翻译的《只做触动内心的事》（日文原名：心に響くことだけをやりなさい）这本书出版了。我也以讲座讲师的身份将珍妮特的"热情测试"介绍到了日本。一切就是从这里开始的。现在，我已经开始在讲座中为听众讲授自己的原创内容了。回顾当初，我迈出的第一步正是在网上按下的那个"购买"键。

仅仅是一小步，却可能成为至关重要的一大步。这一步是否重要，不迈出去是无法知道的。因此，无论如何，我们都要先迈出这一步。只要我们想着"先迈出这一步好了"，这一步就很容易实现。

> **告别半途而废的诀窍**
>
> **我们要以"只做整件事的1%"这个随意放松的心情开始做事。**

以"完成＋感谢"的形式明确意图

明确的意图,也是帮助我们顺利采取行动的诀窍之一。这个"明确的意图"指的是,我们要明确自己所期望的结果。我们需要明确自己到底希望如何体验、如何感受。我推荐给大家的做法是,将这个"意图"(在内心)向自己说出来。重点是我们要以"完成＋感谢"的形式做这件事。我们可以通过"我做到了×××,非常感谢""我完成了×××,谢谢"这样的句式将意图表达出来。

比如,当我们希望能够从事让自己充满热情的工作时,我们就可以在心里默念"我做到了从事让自己充满热情的工作,非常感谢"。而在思想噪声尽可能少的状态(也就是与自己的思想、情感、身体建立了良好关系）下默念这句话效果最佳。可以说，默念这个行为就是将自己的意图作为指令发给自己的思想、情感、身体。

脑科学专家表示，以"完成 + 感谢"的形式默念，可以将这个意图当作未来的记忆输入大脑中，这尽管是未来的事情，但也能作为记忆留存下来。因此，这样做可以减少"说不定自己做不好"等这类心理抗拒。因为这件事是自己已有的记忆，所以我们自然而然就会认为能够实现。所以，我们可以通过这样的方法让自己的行动更顺畅。

我经常的做法是，把"享受做事"当作目标和意图。前面为大家讲过，享受过程是非常重要的。而我将这个享受本身当作目标。比如，在写企划书前，我会默念"我愉快地完成了这份企划书，谢谢"；或者在开会前，我会默念"我与对方愉快地举行了会议，非常感谢"；等等。

任何事情，我们如果能够愉快地去做，就很容易取得令自己满意的结果。虽然我们也可以将意图定位在结果上，比如"我写好了一份出色的企划书"或"这么做会很成功，会收获很棒的创意",但这样做不如更关注"享受做事"的过程效果好。这样一来,我们可以很享受做事的过程,也会顺其自然地取得满意的结果。

> **告 别 半 途 而 废 的 诀 窍**
>
> 我们要明确想实现的事情,以"完成 + 感谢"的形式在心中默念。

轻松无法成为坚持到底的动力

"每天只用佩戴 5 分钟。""每天待在上面 15 分钟就能减肥。""光靠听就能学会英语。"……大家有没有被这样的广告打动过呢？自己想做的事情轻轻松松就能实现，这对于我们来说真是充满了吸引力。人们往往会这样想："这么容易就能做到，我也要试试看。"但实际尝试后，大部分人都无法坚持下去。

我曾经也买过"光待在上面就可以瘦"的减肥工具，当时我觉得这样我就可以一边看电视或听音乐，一边瘦下来了。然而，我买回来才坚持了几天就放弃了。这么一件"仅仅待在上面就可以了"的工具，却让我感到非常痛苦。我朋友还买过一把坐在上面就能改善坐姿的椅子。因为他觉得这把椅子似乎能帮助他在吃饭或办公时改善坐姿，然而后来他连坐这把椅子都懒得坐，而以失败告终了。

"轻松""简单"表面上非常具有吸引力，会让我们产生很容易坚持下去的错觉。但其实，轻松无法成为坚持下去的动力。光是靠轻松做事，动力根本不够。最重要的还是自己能否享受过程。因此，我们若想坚持做一件事，需要下功夫的是找到"如何才能享受过程"这一问题的答案。我们不需要下决心坚持不懈地去做，需要先思考"如何才能愉快地坚持下去"。

告 别 半 途 而 废 的 诀 窍

要记住，"轻松和简单能让我们坚持下去"其实是错觉。

一天中能够使用的意志力是有限的

我们有了想要实现的梦想或是想要达成的巨大目标时，就需要采取大量的行动。为了采取大量的行动，首先我们必须知道，人一天能够使用的意志力并不多。节省自己的意志力，这是我们能够采取大量行动的其中一个诀窍。

一天之中，我们使用意志力做各种各样的事。比如，从早晨开始我们就要思考"今天穿什么出门"，然后在电车里还会思考"今天的工作怎么展开""周末怎么过"之类的事情。有时我们还要回复邮件、调整日程等。总之，我们一直在让大脑忙碌地运转。到了中午，我们又要考虑"今天中午去哪儿吃饭"这样的事情。如果再加上工作和学习的话，我们就更忙了，每天都处于要做这个、要做那个的状态。突然有一项重要的工作必须完成，此时我们几乎已经耗尽了做事的意志力。

说到底，我们在一天之中能够依靠自己的意志力做的事情是有限的。所以，我们如果有想实现的梦想或者想顺利完成的工作，就不能浪费我们的意志力，必须节约使用。我们要为了更重要的行动或工作，保留意志力。

节约意志力，可以从小事做起。比如每天都穿一样的衣服。苹果公司的创始人乔布斯生前的一个习惯是，他的穿搭永远都是黑色高领 + 牛仔裤 + 运动鞋。据说他这样做是为了不在没必要的事情上浪费意志力。乔布斯并没有将重要的意志力使用在选衣服这件事上。

此外，每天都从同一条路回家，其实也是在节约意志力。当然，有人会认为"我每天刻意从不同的路回家，就是为了获取新的想法"。如果今天想转换一下思维，那么这种想法没有问题。但如果现在有想实现的梦想或者想完成的重要工作，那么我们最好不要犹豫，就走与平时一样的路回家。"走哪条路回家好呢""要不走一条没走过的路回家，可以寻找新灵感"

之类的想法，都是对意志力的浪费，我们要尽量避免这样做。

到了中午，我们要尽量避免在选择午餐上浪费时间，去自己平时常去的饭店吃就可以了。除了重要的事，我们尽可能不在小事上使用自己的意志力，做日常小事时只要重复平时的操作就可以了。这样一来，我们就不会浪费意志力了。

此外，当我们认识到"人一天可以使用的意志力是极其有限的"这件事时，我们自然而然就会借助他人的力量。因此，这样做还可以使我们充分利用外力。我们如果能够充分利用外力，就能够采取大量的行动。

> 告别半途而废的诀窍
>
> **除了真正想做的事情，我们尽量不使用意志力。**

和"做不到的自己"和谐相处

冒冷汗，也是很重要的事情。这句话是我的英语老师经常挂在嘴边的。比如，在几个人的小组中用英语交流时，只有自己跟不上大家的内容；母语是英语的 3 岁小孩跟自己说的话，完全听不懂；在英语学习班上，只有自己一个人孤零零的……遇到这些情况，我们往往都会冒冷汗。这些是学英语的人至少都会经历一次的窘境。我的老师曾告诉我："遇到这些窘境后冒冷汗，其实对于提高英语能力是非常重要的。"

英语能力总是提高不了的人，大多都是自尊心很强的人。他们往往不想让别人看到自己英语不好、不如他人的一面，所以会偷偷努力，等学会了才会在别人面前说英语。另外，能够学好（英语）的人往往都是直白地表露出自己（英语）能力不足的人。就算英语不好，他们也能够大大方方地用自己现有的英语能力、肢体语言、知道的单词与别人沟通。当然，他们也会遇到说不出来或听不懂的情况，但能够将这种懊恼转化成继续学习的动力。

也就是说，坚持做某事的关键在于我们能够与"做不到的自己"和谐相处。要想与"做不到的自己"和谐相处，我们须再次强调"自己的思想、情感、身体并不是自己本身"这个概念。当我们认为自己的思想、情感、身体就是自己本身时，我们会无条件地将"自己是个没用的家伙"当作事实。另外，当我们认为自己的思想、情感、身体与自己本身不同时，我们会发现，是"思想"在告诉我们"自己是个没用的家伙"。这样做能够让我们站在更为客观的立场看待这个问题。于是，我们即便做不到，也不会那么痛苦。

所以当我们遇到类似的情况时，请务必与自己的思想、情感、身体成为伙伴。这样我们就能够坦然地面对自己"做不到"这件事了，也就可以在人前大大方方地表露出自己的不足。与"做不到的自己"和谐相处，不仅在英语学习方面对我们有帮助，在其他学习、工作、运动等方面对我们同样有帮助。

总之，我们要勇敢地面对自己冒的冷汗，不要觉得与其"在别人面前因为不会而冒冷汗"，不如早点儿放弃。我们只要与"做不到的自己"和谐相处，就能够坚持下去。

> **告别半途而废的诀窍**
>
> 我们只要与"做不到的自己"和谐相处，就能够坚持下去。

将想法告诉别人，会有惊人的效果

当我们准备做某件从未做过的事情时，或者我们不知道该如何实现自己的目标时，我们应该尽量多与别人诉说。但是如果我们铆足了劲跟对方说"希望你听听我的梦想"，就过于沉重了。我们可以采取更轻松的表达方式，比如"我是这么想的，你能听听我的想法吗"等。跟别人诉说，对我们准备做的事有一定的帮助。

其一，通过说出来，我们可以坚定自己的想法。有时候，当我们向别人说了自己的想法后，别人会提供给我们意想不到的建议或自己并不知道的信息。于是，再加上自己的思考，我们的想法就会更为坚定。

其二，可以意外发现自己本身。大家有没有经历过这样的事情呢？一边喝酒一边与朋友聊天时，忽然发现"啊，原来我是这么想的"。我们说话的过程就是整理自己想法的过程。此外，对方意想不到的提问也能帮助我们思考，或许这个问题自己永远也想不到。因此，这是一个能够帮助我们思考重要事情的机会。

我一遇到难题，就会立刻找人诉说。我从微软公司辞职准备创立IT公司时，就找过在该领域取得优秀成绩的人，向他询问该怎么做。听完我的话后，那个人便对我说："那我们一起创业吧。"我们最好找有共同志向的人商量。但要注意，不要固执地非要与对方共事。

此外，当与对方商量时，对方往往会很在意事情的发展，有时还会主动询问进展情况。所以，即便最终没能一起共事，对方也有可能以其他形式为我们提供帮助。

> **告别半途而废的诀窍**
>
> 与有共同志向的人商量,获得共事的机会或意外收获。

变"控制"为"参与并享受"当下

"在开会讨论时,总是说不出什么建设性的意见。"

"在面试时,表现得不好。"

"销售业绩没有提高。"

大家有没有像上面这几个例子一样,"不能很好地在当下采取行动"?

我们因为紧张或不安而担心事情无法顺利推进时,要想办法"参与进去"。在考虑讲座的内容时,在企划会议上,在接受采访时,我都会积极参与进去,也可以说是融入那个场合。就算是第一次去的场合,我也会克服紧张和不安感,积极参与进去。

请大家试着想象一下夏季众人跳盂兰盆舞的情景。男女老少都以高台为中心，围成一个圈欢快地跳着舞。而这时的"参与进去"就是鼓起勇气加入跳舞的圈子，与大家一起开心地跳舞。我们需要的就是这样一种感觉，不用考虑被别人看见会不好意思或者跳不好的话很丢脸之类，要和那些男女老少尽情地享受节日的氛围。我们要融入当下的氛围，尽情享受。这样一来，大部分事情都会朝着好的方向发展。

人们在感到紧张或不安的时候，大多都会做出与"参与进去"截然相反的举动。比如，不善于交流的人，往往很在乎别人怎么看自己。为了不被别人讨厌，他们总是很在意自己该如何表现；为了不让别人觉得自己奇怪，他们总是很在意该如何应对。他们甚至会阅读有助于提高交际能力的书籍，学习书上写的"对方说了什么话，自己要怎么回"等技巧，并打算照着实践。

交流是"活"的，当下的氛围会不断变化，并不是照本宣科就可以解决的。但是，不善于交流的人却试图根据书本教的内容控制当下的场面。如果当下的交流偏离了书本教的内容，他们就会傻眼或者努力把内容拽回书本上的模式。

善于交流的人往往很享受当下的交流。他们并不怎么在意别人怎么看自己，也并不会特意说一些耍帅的话或者故意与别人拉开差距。他们相信对方，会将交流的主动权交给对方。善于交流的人根本不会试图控制场面。但从结果来看，往往这样做才是有效的交流。

"参与进去"这一方法适用于各种场面。请各位读者朋友务必试着抛开一切多余的想法参与进去，享受当下。

告别半途而废的诀窍

不要试图控制当下，而要参与进去，享受当下。

干劲不足时,用"一体化"建立良性循环

"总觉得心情郁闷。"

"消极情绪不断出现在脑海中。"

"无法集中精力做应该做的事情。"

大家是否出现过上述情况呢?或者,虽然消极情绪没那么严重,但自己感觉"干劲不足""还希望过得更充实"。这种时候,我推荐的做法是"一体化"。

"一体化"是一个很感性的东西,它要求我们对当下的人或事物拥有"爱"的感觉。比如,当我们看到小婴儿或者小狗、小猫时,我们会不由自主地发出"哎呀,好可爱啊"这样

的感叹，并且会很自然地面带微笑。我们要对当下的人或事物拥有这种感觉。

在上班坐的电车里，我们要对同乘的人拥有爱。对路边的石头、花草树木、往来的车辆，我们也要抱有爱心。不可思议的是，这样做可以使我们感到轻松愉快。仅仅通过这样一个小小的转变，有的人就能够获得幸福感。

心情舒畅、充满幸福感，这种感觉会在我们的表情、态度、行动上自然而然地展现出来。于是，我们对待他人的态度会转变。遇到熟人，我们会主动打招呼；面对擦肩而过的路人，我们的表情会放松很多；看到有困难的人，我们更容易出手相助。这样做，会得到别人的感谢，自己的心情也会更加愉悦。

虽然是生活中的点滴小事，却能够让我们感到幸福。拥有这样的心情，我们更容易顺利地展开接下来的行动。请各位读者朋友们务必试一试。

告别半途而废的诀窍

要带着爱与当下融为一体。

致认为"一个人做更快"的你

在前面的内容中我已经反复为大家介绍过,"如果有想要实现的梦想或者想要达成的目标,就要采取大量的行动",而自己一个人采取的行动是有限的,所以我们"最好充分利用外力"。有时候,我们需要借助别人的力量时,却又会客气起来,或者过分自信地认为"自己做更快",无法信任他人,甚至不能很好地使用外力。对于这类人,我推荐的做法是接受自己的不足与缺点。

我之所以推荐这个做法,是因为我们一旦接受了自己的不足与缺点,就不会在意别人的不足了,就会认可自己与他人。此外,请记住,你有的缺点其实很多人都有。话说回来,其实缺点是可以存在的。错误的做法是无视自己的缺点，否定自己的缺点。

只要我们能够正确地认识到"哦，原来我有这样的缺点啊"就可以了。我们只要认识到自己的缺点，就能采取相应的对策。不论是什么样的缺点，只要我们能够借助外力找到解决的对策就可以了。

比如，我的缺点是健忘。迄今为止，我丢过多少把伞已经数不清了。钱包和交通卡也忘记带很多次。有一次我把笔记本电脑落在电车里了，吓出一身冷汗，还好最后找回来了。而且对我来说，坐过站也是常有的事。

当我意识到自己的健忘后，我便开始采取对策解决这个问题。我的做法是，在家中定闹钟或者让妻子提醒我要做的事；在公司让员工提醒我别忘了做什么事。总的来说，我的做法就是借助外力解决我的问题。我们如果毫不隐瞒地告诉别人自己的缺点，就能够自然而然地获得别人的帮助。

我们一旦接受了自己的缺点，就更容易接受别人的缺点。

比如，当我们认为"那个人很得意忘形，好讨厌"的时候，往往我们自己也有得意忘形的一面，而我们是无法原谅这一点的。所以我们才会在看到别人得意忘形时，产生厌恶之情。我们如果能够接受自己得意忘形的一面，那么对别人同样的缺点就不会那么在意了。也就是说，我们越是能够接受自己的缺点，越会增强对别人的信赖。这样做，会使我们更容易借助外力。

> **告别半途而废的诀窍**
>
> 接受自己的缺点后，更容易接受别人的缺点，也能更好地借助外力。

如果被拒绝，不妨换个人求助

为了采取大量的行动，借助外力是必不可少的。但很多人在需要求助别人时，却犹豫不决地想"要是被拒绝了怎么办""不喜欢被拒绝以后那种尴尬的感觉"等，最终决定"还是想办法靠自己解决吧"。

确实，我们求助别人却被拒绝时，往往会想"是不是令对方不高兴了""或许是自己求助的方式不对"等。甚至有的人还会感觉被拒绝的是自己这个人。

但我想告诉大家的是，多数情况下，求助别人后被拒绝，原因在于对方。拒绝的原因虽然也在于求助的是什么事情，但往往是因为对方"那天有别的安排了""很忙""没有时间""身体状况不好""心情不好"等。

所以，我们不用过多地犹豫，只要大胆求助就可以了。不过，真正善于求助的人并不限于向某一个人求助。他们通常的做法是，即便被对方拒绝了，也会继续求助别的人。第一个人不行的话，就再找第二个人；第二个人也不行的话，就继续找第三个人。他们即便求助同一个人，也会临机处事，这次不行，下次再向对方求助。

如果这个世界上有越来越多善于求助的人，大家在需要帮助时很容易将"帮帮我"这句话说出口就好了。

> **告别半途而废的诀窍**
>
> **如果被对方拒绝了，就换个时机或求助其他人。**

站在"我们"的立场求助他人

在之前的内容中,我反反复复地强调,要想告别半途而废的自己,就需要采取大量的行动;要想采取大量的行动,外力是必不可少的。与自己期望的结果有直接因果关系的是自己的行动或他人的力量。因此我才这么执着于强调这件事。行动起来很重要!借助他人的力量很重要!

但是,在借助他人的力量时,我希望大家记住一点,那就是站在"我们"的立场求助于人。没有这种概念的人,往往只会站在自己的立场或者他人的立场考虑问题。

站在自己的立场考虑问题的人,并不介意别人怎么看待自己，大多都靠自己的想法和感觉做判断。对于那些总是配合他人的步调和想法、扼杀自己的想法的人来说，站在这种立场考虑问题或许会更轻松一些。但是过度站在自己的立场考虑问题，又会变成自私自利、自以为是、以自我为中心的利己主义者。相反，只站在他人的立场考虑问题的人，又会因为过度优先考虑他人的利益而牺牲自己的利益。

希望大家在借助他人的力量时，既不要站在自己的立场，也不要站在他人的立场，而要站在"我们"的立场考虑问题。站在"我们"的立场考虑问题指的是，以"对于包括自己在内的所有相关的人来说都是最佳选项"这个立场考虑问题。

假设我们在工作中要拜托公司后辈制作一份Excel文件。这时，我们如果找的是本身就已经有很多工作或是不善于使用Excel的后辈，就是仅站在自己的立场求助于人。最好的做法是，这个文件对于对方来说在工作安排和工作量上都是可以做到的，并且做了这件事还会给对方带来少许好处。因此，如果后辈不太擅长用Excel，那么拜托他做这件事能够让他获得成长；或者给予对方足够的时间处理，这就是站在"我们"的立场求助于人。

这种站在"我们"的立场考虑问题的方法，对于自己被别人求助也很有效。有一天我在办公室工作时，妻子给我打来电话称"女儿希望今天晚上和爸爸一起在外面吃牛排"。但是我第二天就要去东京出差。说实话，那天我要准备很多资料，工作堆积如山。这时，如果以"不好意思，今天太忙了"的理由拒绝女儿是最简单的做法。但是这样做可能会惹女儿不高兴或哭鼻子，而且我也希望尽可能跟家人一起愉快地吃晚饭。这时站在"我们"的立场考虑问题的做法发挥了作用。

我在电话里告诉女儿我现在的工作状况。然后我跟她说："爸爸会尽量在晚饭前做完工作，如果没有做完，吃完饭还要回到办公室继续工作，这样可以吗？"这对于我和家人来说都是最好的选择。女儿同意了我提出的这个方案。这个做法让我既能遵守跟女儿的约定，又能高效地完成工作。最终我在晚饭前就完成了所有的工作，一家人愉快地吃了牛排。

虽然我在前面的内容中反复强调"外力很重要""请各位读者尽可能地借助外力"，但这并不表示我们可以不顾对方的情况，很自私地求助于人。大家要牢记于心的是站在"我们"的立场做事，要考虑对于包括自己在内的所有相关的人来说，怎么做才是最佳选择。

相关人员越多，利害关系越复杂，越是难以得出答案。这时，站在"我们"的立场，反复试验、纠错、改正，不断摸索出最佳选择是非常重要的。即便我们无法得到完美的答案，这个探讨的过程也会得到他人的理解。

告别半途而废的诀窍

要站在"对于包括自己在内的所有相关的人来说都是最佳选项"这个立场考虑问题。

跋　发现"半途而废的自己"，人生会变得丰富多彩

连葛饰北斋都认为自己"还没走完全程"

感谢各位读者看完本书。在本书中，我为大家介绍了许多告别半途而废的自己的诀窍。在书的最后我想说的是，事实上，半途而废并不是那么不好的事情。

画出《富岳百景》等浮世绘名作的著名画家葛饰北斋活到 90 岁高龄，他在弥留之际表示："太可惜了，我能再活 5 年的话就可以成为一名真正的画家了。"

连所有人都认为已经站在了顶点的葛饰北斋都觉得自己"还没走完全程"。但如果说葛饰北斋生前是个"半途而废"的人，那么恐怕这种半途而废才是大家所追求的吧。

隐藏在半途而废中的可能性

人生就是各种过程的连续。而过程，在某种意义上就是"半途而废"。我们如果否定这种半途而废，就很容易连自己的人生都否定掉。此外，现在觉得半途而废的事情，说不定将来会在某个时间点连成一条线，为我们带来收获。半途而废中暗含着这种可能性，没有半途而废就意味着没有这种可能性。

那么，在学习语言或减肥过程中备感受挫的半途而废又是怎么回事呢？这种时候的半途而废，正是因为我们开始了行动才感受到的。如果我们什么都不做，自然就不会有半途而废。比起什么都不做就不会半途而废，还是虽然做了但半途而废能让我们收获更大。也可以说，半途而废是一种前进的形式。

感觉到半途而废，正是成长的机会

此外，感受到半途而废的时候，也可以说是成长机会到来的时候。本书为大家介绍了发现自己才能的方法。人的才能是与生俱来的，每个人都有自己独特的才能。每个人的人生目的不尽相同，而才能正是为了实现这个目的被赋予的手段。

因此，我们如果不使用这个被赋予的才能，总会感到郁闷或半途而废。也就是说，我们感受到半途而废时，或许正是我们接收到了"请尽早发现自己的才能"这个信息。这既是一种"正在进行"的过程，又是一次成长的机会。这样想的话，是不是"半途而废"就没有那么糟糕了？

话虽如此，但我并不是想告诉大家，我们做事可以半途而废。为了告别半途而废，行动起来、借助外力是非常重要的。也许，人生就是这种过程的重复或循环。但这样能使我们的人生变得丰富多彩。能够为我们的人生添光加彩的就是我们的行动和借助的外力。

指南针 负责指北

为自我成长指明方向

《不要只问结果：如何打造一支灵活应变的团队》

让你的团队扛得住风险，无惧瞬息之变

松下集团、朝日新闻等知名日企管理者都在实践的管理技能

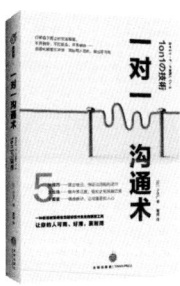

《一对一沟通术》

世界 500 强企业都在用的省时高效沟通术

让你的人可用、好用、更耐用

《为什么你总是半途而废》

致做什么事情都行动不起来，坚持不了多久的你

不拼个人意志力，也能轻松把事干完、干爽、干漂亮

《一切从目标开始》

熊本熊之父的超级工作计划术

专治怕麻烦、工作效率低下、工作杂乱无章